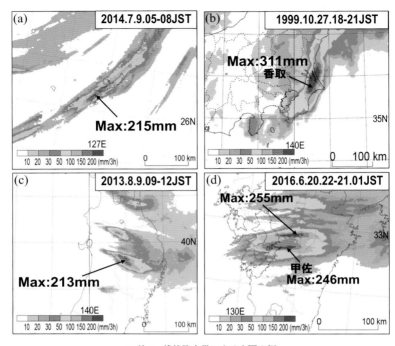

口絵1　線状降水帯による大雨の例

解析雨量から作成した3時間積算降水量分布．(a) 2014年7月9日の沖縄本島での大雨，(b) 1999年10月27日の千葉県香取市での大雨，(c) 2013年8月9日の秋田・岩手県での大雨と (d) 2016年6月20～21日の熊本県北部での大雨．(p. 54, 73, 91 参照)

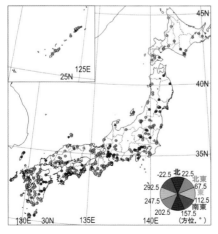

口絵2　Kato (2020) による1989～2015年の期間に抽出された線状降水帯事例の分布図

色は線状降水帯の走向を示す．(p. 85～87, 図 3.23(b) 参照)

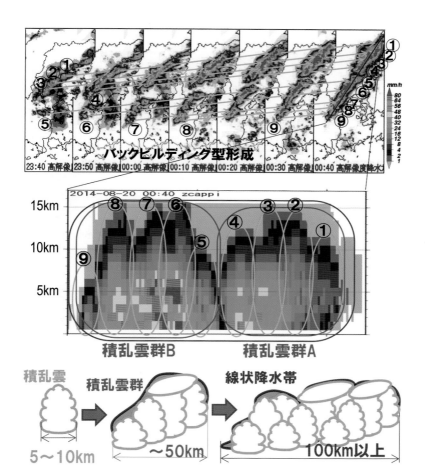

口絵3　2014年8月20日に広島市で大雨をもたらした線状降水帯の発生過程
(a) 8月19日23時40分〜20日00時40分（10分毎）の降水強度分布（mm h^{-1}），(b)（a）の20日00時40分の線分上の南西-北東鉛直断面図と（c）バックビルディング形成メカニズムと線状降水帯の構造の模式図．（p.78，図3.18参照）

気象学ライブラリー **3**

新田　尚・中澤哲夫・斉藤和雄 ［編集］

集中豪雨と線状降水帯

加藤輝之 ［著］

朝倉書店

は じ め に

　著者によって，2007 年発刊の『豪雨・豪雪の気象学』（応用気象学シリーズ 4，吉﨑・加藤著）冒頭の節タイトルとして教科書としては初めて紹介された"線状降水帯"という用語は，気象庁が 2021 年出水期から発表するようになった「顕著な大雨に関する情報」のキーワードとして用いられるなど，世間一般に広く認知されるようになった．今までも，"集中豪雨"という用語を用いて災害に結び付く大雨が説明されてきたが，特に"線状降水帯"は人的被害につながる土砂災害をもたらす可能性が高く，その形成が確認されたときには大雨による災害発生のリスクが急激に高まっている危険な状態である．本書（第 3 章）で述べているように，線状降水帯は「次々と発生する発達した雨雲（積乱雲）が列をなした，組織化した積乱雲群によって，数時間にわたってほぼ同じ場所を通過または停滞することで作り出される，線状にのびる長さ 50～300 km 程度，幅 20～50 km 程度の強い降水をともなう雨域」と説明され，しばしば数時間で 200 mm を超える大雨をもたらし，集中豪雨の半数程度（台風付近の事例を除くと約 2/3）を引き起こしている．

　大雨には，線状降水帯に代表される集中豪雨のほかに，数十分から 1 時間程度の短時間に 100 mm を超える降水をもたらして都市部等でしばしば内水氾濫を引き起こす局地的大雨や，1 日から数日間雨が降り続く長雨で引き起こされるケースがある．局地的大雨については第 3 章で集中豪雨と対比させてその特徴の違いを説明するが，長雨をもたらす主体は安定な大気状態の中で等温位面上を上昇することで生じ続ける乱層雲からの降水（層状性降水）であり，長雨の発生要因については本書では取り上げない．ただ，2021 年 8 月 11 日から 14 日にかけて西日本で観測された大雨では，降水量の大半は層状性降水であったと考えられるが，大雨期間中には九州北部を中心に複数の線状降水帯が発生し，それが引き金となり特別警報の発表につながった．

　読者には本書を用いて，線状降水帯を理解するために，乾燥大気（第 1 章）の熱力学に関わる法則（理想気体の状態方程式，熱力学第一法則，静力学の式）から「上空ほど気温が低くなる」理由を気温と温位との関係から学んでも

らった後，雲や降水が生じる湿潤大気（第2章）における条件付き不安定について学習してもらいたい．特に，条件付き不安定な大気状態では大気下層の空気塊が上空に持ち上げられて雲や降水（不安定性降水，対流性降水ともよばれる）を作り出すが，その際に放出される水蒸気のエネルギー（潜熱）が浮力を駆動して積乱雲を生み出す．その理解には熱力学図ともよばれるエマグラムを用いて，大気下層の空気塊を持ち上げて，その空気塊の温度変化と周囲の気温との関係を見比べることになる．条件付き不安定が理解できれば，大雨を引き起こす不安定な大気状態とは積乱雲が発生しうる状態であることがわかってもらえるだろう．第3章では本書のタイトルどおり集中豪雨と線状降水帯のメカニズムについて解説し，その中では積乱雲の一生から複数の積乱雲が組織化することで線状降水帯を作り出すことを述べる．また，集中豪雨と線状降水帯の出現特性や近年大雨が増加している要因を近海の海面水温の変動との関係から言及する．線状降水帯に代表される集中豪雨をもたらす大量の水蒸気は海上から流入し，その水蒸気は乾燥空気よりも水蒸気が軽いことで生じる水蒸気浮力によって大気下層1km程度に蓄積される．また，大雨をもたらす積乱雲の発達には大気下層の気温や水蒸気だけでなく，上空の大気状態も影響する．このような大雨，特に線状降水帯が発生するときの環境場の大気状態の条件を第4章で説明する．最終章では，集中豪雨の中で線状降水帯の比率が一番高い梅雨期の特徴を梅雨前線帯に着目して解説する．梅雨前線帯では周囲に比べて，降水現象にともなって上空が加熱されることで大気状態はより安定しているにも関わらず大雨が頻発する．どうしてそのようなことになるのか，梅雨前線帯のどこで大雨が発生するのかを説明する．

　本ライブラリーの編集委員である新田尚博士，中澤哲夫博士，斉藤和雄博士および気象研究所の廣川康隆さんには，記述内容について適切なコメントやご指導をいただき，大いに感謝しています．また，本書の刊行にあたっては，朝倉書店編集部には多々お世話になりました．厚く御礼申し上げます．

　2022年10月

　　　　　　　　　　　　　　　　　　　　　　　　加藤　輝之

目　　　次

CHAPTER 1

気温と温位　－乾燥大気の運動－

1.1 　気温減率

　山や高原に出かけると，平地にいるときよりも気温が低いことをほとんどの方は経験されているだろう．実際に高度が高くなるほど気温がどの程度低下しているのかを，日本一標高の高い富士山周辺での年平均気温（1991～2020年の平年値）から眺めてみる．標高3775mに観測点がある富士山での年平均気温は−5.9℃，JRの一番高所の駅がある野辺山（標高1350m）では7.2℃，標高273mの甲府では15.1℃，海面に近い静岡（標高14m）では16.9℃であり，図1.1で示しているように高度1kmで約6℃低下している．この気温低下率は気温減率とよばれ，その値が大きいほど上空の気温がより低温になっていることを示している．ここで示した気温減率は，対流圏内での標準大気の気温減率6.5×10^{-3}℃ m^{-1}よりも小さい．

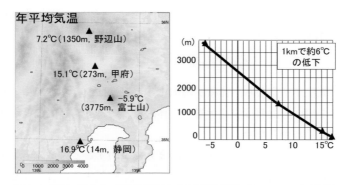

図1.1　静岡，富士山，甲府と野辺山での年平均気温（1991～2020年の平年値）と観測地点の高度との関係

　一方，日常生活においては，暖かい空気が上昇することを実感されているだろう．それは，温められた空気の温度が周囲よりも高いので，その温度差によって生じる上向きの浮力（1.3 節参照）が生じるためである．それでは，暖かい空気は上昇するのに，上空のほうほど気温が低くなっているのはどうしてだろうか．この質問は，非常に簡単そうに思われるが，かなり難題である．本書ではこの難題に答えることから始め，その理由を読者にしっかり理解してもらったうえで，集中豪雨のメカニズムとして大雨をもたらす積乱雲の発生・発達の理解につなげていただきたい．また，本章では雲・降水をともなわない大気である乾燥大気の運動について考える．

1.1.1 ▌ 上下の温度差の成因

　上下の気温差の成因を考える際，外部とのエネルギーのやり取りがない断熱を仮定し，熱力学第一法則：

$$C_{vd}\Delta T + p\Delta V = 0 \tag{1.1}$$

を用いて，「空気は膨張すれば（$\Delta V > 0$），気温が下がる（$\Delta T < 0$）」と一般にはよく説明される．ここで，C_{vd} は乾燥大気の定積比熱，T は温度，p は気圧，V は体積である．なお，本書では断りがない限り，T は絶対温度（K，0℃ = 273.16 K）を示す．室内実験で，フラスコを加湿し，それに接続した注射器のピストンを内側に引くとフラスコ内の空気が膨張して，温度が低下することで雲が生じることを示して，その説明がよくなされる．温度低下で雲が生じるメカニズムは 2.1 節で説明する．ただ，ボイル・シャルルの法則（combined gas law，気体の状態方程式）：

$$\frac{pV}{T} = \text{const.（一定）} \tag{1.2}$$

に従えば，気圧が一定なら，体積が増加すると温度は上昇するので，熱力学第一法則だけを用いた説明は中途半端で具体的にどのようにして温度が低下しているのかがよくわからない．

　具体的にボイル・シャルルの法則も踏まえて説明すると，ピストンを引いて空気が膨張して，温度が低下する要因は，空気が膨張する割合よりも気圧が低下する割合が大きいためである．すなわち（1.2）の分子にある気圧と体積の

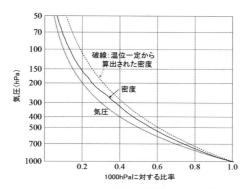

図 1.2　**2012 年 5 月 6 日 21 時の茨城県つくば市での高層**
気象観測の結果で，1000 hPa 気圧面の空気塊に
対する各気圧面での気圧（灰実線），密度（黒実線）
と温位一定から算出された密度（破線）の比

積（pV）が減少して，分母の温度が低下しているのである．実際の大気で考
えると，上空ほど気圧が低下するが，この低下の割合のほうが体積の膨張する
割合，言い換えれば密度（＝体積の逆数）の低下の割合より大きいからである．
このことは 1.2 節で示すように，ボイル・シャルルの法則と熱力学第一法則か
ら温位（potential temperature）を導出することで具体的に説明することがで
きる．

　空気が膨張したとき，すなわち空気塊が上空に持ち上げられたとき，気圧の
低下の割合のほうが密度よりも大きいことを述べたが，このことを実際に観測
された観測データから確認してみる．図 1.2 は 2012 年 5 月 6 日 21 時の茨城県
つくば市での高層気象観測（2.3 節参照）の結果で，1000 hPa 気圧面の密度に
対する各気圧面での比率である．500 hPa 気圧面では，1000 hPa 気圧面に対し
て，気圧の比率（灰実線）は 0.5 であるが，密度の比率（黒実線）は 0.55 であり，
他の気圧面でも，気圧の低下割合のほうが密度の低下割合よりも大きいことが
確かめられる．参考までに，破線は 1000 hPa 気圧面の密度に対してボイル・シャ
ルルの法則を適用して（1.2 節で導入する温位一定の条件から）算出された密
度の比率の鉛直プロファイルであり，観測されたプロファイル（黒実線）より
も値が大きくなっている．これは実際の大気が 2 章で説明する水蒸気の凝結等
の非断熱加熱で昇温しているためで，その分密度がさらに低下しているためで

ある.

1.1.2 ┃ 乾燥断熱減率

　上下の気温差を熱力学第一法則とボイル・シャルルの法則から説明したが，ここでは断熱過程（外部との熱の出し入れがない状態）を仮定したエネルギーの保存性から考えてみる．正確には，次節で導出する温位が保存することから議論する必要があるが，まずは定性的に理解してもらいたい．なぜなら，熱力学第一法則は高校で物理を選択しないと学ぶことはないが，エネルギー保存則は中学校で全生徒が学習するので，一般に説明しやすいためである.

　丘の上に存在する空気の塊（以降「空気塊」と略す）は，丘の麓を基準とした位置エネルギーを持つとする．その空気塊を丘の麓まで下ろすと，麓と丘との高度差で定義される位置エネルギーは消滅する．ここで，エネルギーが保存されることから，消滅した位置エネルギーはどこにいったかという疑問が生じる．その疑問に対しては，「空気塊の温度が上昇するのに使われた」が答えになる．すなわち，位置エネルギーが温度によるエネルギーに変換されたことになる．この温度によるエネルギーはエンタルピー（enthalpy）とよばれる．エンタルピーは乾燥大気の定圧比熱を C_{pd} とすると，温度 T の関数として $C_{pd}T$ で記述され，空気塊が持つ内部エネルギー（$C_{vd}T$）と定圧条件下で体積が膨張した仕事との和である．なお，空気塊の位置エネルギーは正確には，浮力（1.3節で説明）の鉛直方向の変化も含めて考える必要がある.

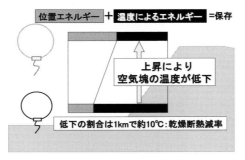

図 1.3　乾燥大気において，地上の空気塊を上空に持ち
　　　　上げたときの断熱過程（外部との熱の出し入れ
　　　　がない状態）を仮定したエネルギーの保存性

　逆に図 1.3 のように丘の麓から空気塊を上空に持ち上げると，エネルギー保存則から位置エネルギーと温度によるエネルギーの和は保存されるので，位置エネルギーが増えた分だけ，温度によるエネルギーは減少する．その結果として，空気塊の温度が低下するのである．低下の割合は 1 km で約 10℃であり，この低下割合は乾燥断熱減率とよばれる．なお，乾燥断熱減率の導出は次節で述べる．

1.2 ┃ 温 位 と は

　高度が同じなら，温められた空気塊と周囲の気温との違いから温められた空気塊がその温度差から生じる浮力を持ち，自ら上昇しだすのは容易に理解できる．ただ，空気塊は上昇するほどその温度は乾燥断熱減率（1 km で約 10℃）で低下し，上昇した上空の気温（標準大気では気温減率 6.5×10^{-3}℃ m^{-1} で気温低下）とどちらが高いか容易に判断することができなくなる．そこで，鉛直方向に存在する 2 つの空気塊を乾燥断熱減率で同じ高度に移動させれば，どちらの温度が高いかを容易に判断できるので，その判断に資する変数である温位（potential temperature）を導入する．

　前節で説明した位置エネルギーと温度によるエネルギー（エンタルピー）の和が保存することは，乾燥静的エネルギー保存則とよばれる．ここでもまず，定性的に理解してもらいたいので，乾燥静的エネルギー保存則から温位の概念を説明する．その後，熱力学第一法則と気体の状態方程式から温位を導出する．

　ある高度 z に存在する空気塊は，温度 T で決まるエンタルピー $C_{pd}T$ と位置エネルギー gz を持っている．ここで，g は重力加速度である．その空気塊を断熱的に Δz 持ち上げると，位置エネルギーが $g\Delta z$ 増加し，その分だけエンタルピーが減少して空気塊の温度が低下する．この空気塊の温度推定では z と T の 2 つの変数が必要となるが，エネルギーは保存するので，z を標準気圧（通常は，1000 hPa）での高さに設定すると，その高度での温度だけを考えればよいことになる．鉛直方向に標準気圧まで空気塊を乾燥断熱減率で移動させたときの温度が温位と定義される．すなわち，エンタルピーと位置エネルギーの和をすべてエンタルピーで評価したときの温度が温位ということになる．よって

断熱過程では，温位は移動させても値が変化しない保存量として取り扱うことができる.

温位 θ は断熱を仮定した熱力学第一法則（1.1）と乾燥大気の状態方程式

$$pV = R_d T \tag{1.3}$$

を微分して，$C_{pd} - C_{vd} = R_d$ の関係を用いて積分することによって，

$$\theta = T\left(\frac{p_0}{p}\right)^{\frac{R_d}{C_{pd}}} \tag{1.4}$$

と導出できる. p_0 は基準となる気圧面で，上記のように通常は 1000 hPa に設定する. また，乾燥大気の状態方程式（1.3）はボイル・シャルルの法則（1.2）の一定値である一般気体定数（～8314.3 J K^{-1} kmol^{-1}）を乾燥大気の分子量（～28.96 kg kmol^{-1}）で除した乾燥大気の気体定数 $R_d = 287$ J K^{-1} kg^{-1} で置き換えたものである.

次に，上述の温位，エンタルピーおよび位置エネルギーとの関係から乾燥静的エネルギー s を定義し，その保存則から乾燥断熱減率 Γ_d を算出してみる. 乾燥静的エネルギーは

$$s \equiv C_{pd}\theta = C_{pd}T + gz \tag{1.5}$$

で記述される. 鉛直方向の変化量（Δz）を考えると，

$$\frac{\Delta\theta}{\Delta z} = \frac{\Delta T}{\Delta z} + \frac{g}{C_{pd}} = \frac{\Delta T}{\Delta z} + \Gamma_d \tag{1.6}$$

が得られる. s は一定なので，（1.6）は

$$0 = \frac{\Delta T}{\Delta z} + \frac{g}{C_{pd}} \Leftrightarrow \frac{\Delta T}{\Delta z} = -\frac{g}{C_{pd}} \equiv -\Gamma_d \tag{1.6'}$$

となり，$\Gamma_d = g/C_{pd} = 9.8$ m s^{-2}/1004 J K^{-1} kg^{-1} ～9.8×10^{-3} ℃ m^{-1} が算出される（単位は気温減率にあわせて，℃ m^{-1} とした）. 標準大気では，気温減率（$-\Delta T/\Delta z$）は 6.5×10^{-3} ℃ m^{-1} なので，（1.6）に代入すると鉛直方向の温位傾度（$\Delta\theta/\Delta z$）は 3.3×10^{-3} K m^{-1} になる. また，温位の定義式（1.4）を微分して，静力学平衡の式（静水圧平衡の式ともよばれる）：

$$\frac{dp}{dz} = -\rho g = -\frac{pg}{R_d T} \Leftrightarrow \frac{1}{p}\frac{dp}{dz} = -\frac{g}{R_d T} \tag{1.7}$$

を用いても，Γ_d は導出できる. ここで，ρ は体積の逆数（$1/V$）で定義される密度であり，（1.3）の状態方程式は ρ に置き換えることで，

$$p = \rho R_{\mathrm{d}} T \tag{1.3'}$$

で与えられる.

　それでは Γ_{d} で空気塊の温度が低下するなら,「地上気温が 27℃ の場合,30 km 以上上昇させたら絶対零度 −273.16℃ より小さくなる?」という疑問が浮上する.乾燥静的エネルギー保存則は温位の保存則から導かれる関係であり,厳密には,鉛直方向に温位が一定の等温位大気または等温位の成層の領域でのみ成立するので,実際の大気ではどこまで持ち上げても絶対零度より小さくなることはない.なぜなら,等温位大気でないと,空気塊を Γ_{d} で鉛直方向に移動させたときに (1.7) から決まる気圧が周囲の気圧と一致することはないためである.そこで,乾燥静的エネルギー保存則がどの程度適用できるのかを確認してみる.

　図 1.4 の黒太線の折れ線は 2012 年 5 月 6 日 21 時の茨城県つくば市での高層観測の気温のプロファイルで,黒細線と黒破線の直線は地上気温からそれぞれ Γ_{d} と標準大気の気温減率（6.5×10^{-3}℃ m^{-1}）で低下させたときの温度のプロ

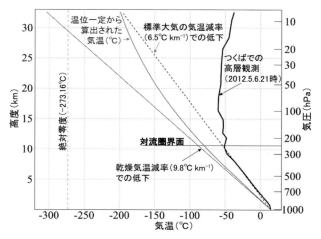

図 1.4　2012 年 5 月 6 日 21 時の茨城県つくば市での高層気象観測の気温のプロファイル（黒太線の折れ線）
　黒細線と黒破線の直線は地上気温からそれぞれ乾燥気温減率（9.8℃ km^{-1}）と標準大気の気温減率（6.5℃ km^{-1}）で低下させたときの温度のプロファイル.灰実線の曲線は地上での温位一定で観測された気圧から算出された気温のプロファイル.

ファイルを示す．地上気温14℃の空気塊をΓ_dで低下させると，高度30 kmに達する前に絶対零度になる．地上での温位一定で観測された気圧から算出された気温のプロファイル（灰色の曲線）では，高度30 kmでも-200℃以上を維持しており，絶対零度を下回ることはない．そのプロファイルとΓ_dで低下させたときの気温のプロファイルを比較すると，高度2～3 kmまではほぼ一致しているので，その領域なら，乾燥静的エネルギー保存則はほぼ成立していることになる．対流圏界面である高度11 kmでもそれほど大きな差はみられないので，対流圏内を取り扱う場合は近似的には用いてもよさそうである．次に等温位大気でない場合，Γ_dで低下させたときの空気塊の気圧と周囲の気圧との差がどの程度になるかを具体的にみてみる．たとえば図1.4の事例で，-150℃まで低下させたとき，周囲の気圧は約90 hPaであり，空気塊の気圧は温位一定から算出された同気温に対応する約50 hPaとなり，両者の差は同オーダーの約40 hPaになる．

　また図1.4では，標準大気の気温減率で低下させたときの温度のプロファイルと実際の気温のプロファイルは対流圏界面付近で交差し，対流圏内で平均するとほぼ標準大気の気温減率になっていることもわかる．実際の気温のプロファイルでは，気温減率は対流圏下層で小さく，対流圏上層で大きくなっており，年平均気温（図1.1）でみられる大気下層の気温減率と同じ（標準大気の気温減率よりも小さい）特徴がみられる．

1.3 ┃ 浮力とブラント・バイサラ振動数

　図1.5のように周囲の気圧を乱さずに高度zにある空気塊を断熱的に少し上方にΔz持ち上げ，持ち上げた空気塊の温度がTとなる場合の運動について考える．具体的には，持ち上げた空気塊の密度ρとその高度の周囲の密度$\rho(z+\Delta z)$との差から双方の重さの大小を判断し，浮力の生成を議論する．ここで，(z)と$(z+\Delta z)$は付加された高度における周囲の大気状態の値を示す．

　断熱過程においては空気塊の温位θは保存し，持ち上げ前後の空気塊の温位は一致することから，

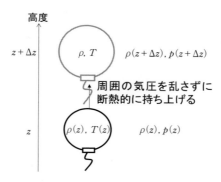

高度

$z + \Delta z$ ρ, T $\rho(z + \Delta z),\ p(z + \Delta z)$

周囲の気圧を乱さずに
断熱的に持ち上げる

z $\rho(z),\ T(z)$ $\rho(z),\ p(z)$

図 1.5 周囲の気圧を乱さずに高度 z にある空
気塊（風船内に密度 ρ と温度 T を記載）
を断熱的に Δz 持ち上げた場合
(z) と $(z + \Delta z)$ は付加された高度における周
囲の大気状態の値を示す.

$$\theta = T(z)\left(\frac{p_0}{p(z)}\right)^{\frac{R_d}{C_{pd}}} = T\left(\frac{p_0}{p(z + \Delta z)}\right)^{\frac{R_d}{C_{pd}}} \tag{1.8}$$

が成り立ち，持ち上げた空気塊の温度 T は（1.8）と状態方程式（1.3'）を用
いると，

$$T = T(z)\left(\frac{p(z + \Delta z)}{p(z)}\right)^{\frac{R_d}{C_{pd}}} = \frac{p(z)}{\rho(z) R_d}\left(\frac{p(z + \Delta z)}{p(z)}\right)^{\frac{R_d}{C_{pd}}} \tag{1.9}$$

となる．よって，持ち上げた空気塊の密度 ρ は（1.3'）に（1.9）を代入すると，

$$\rho = \frac{p(z + \Delta z)}{R_d T} = \frac{p(z + \Delta z)}{p(z)}\rho(z)\left(\frac{p(z + \Delta z)}{p(z)}\right)^{-\frac{R_d}{C_{pd}}} = \rho(z)\left(\frac{p(z + \Delta z)}{p(z)}\right)^{\frac{C_{pd} - R_d}{C_{pd}}}$$

$$= \rho(z)\left(\frac{p(z + \Delta z)}{p(z)}\right)^{\frac{C_{vd}}{C_{pd}}} \tag{1.10}$$

となる．（1.10）の括弧内はほぼ 1 なので，テーラー展開することができ，

$$\rho = \rho(z)\left(1 + \frac{C_{vd}}{C_{pd}}\frac{1}{p(z)}\frac{dp}{dz}\Delta z\right) \tag{1.11}$$

と近似することができる．一方，持ち上げた高度 $z + \Delta z$ での周囲の密度は

$$\rho(z + \Delta z) \sim \rho(z) + \frac{d\rho}{dz}\Delta z \tag{1.12}$$

と近似でき，（1.3'）を z で微分した

$$\frac{1}{p}\frac{dp}{dz} = \frac{1}{\rho}\frac{d\rho}{dz} + \frac{1}{T}\frac{dT}{dz} \tag{1.13}$$

を用いると，

$$\rho(z+\Delta z) \sim \rho(z) + \rho(z)\left(\frac{1}{p(z)}\frac{dp}{dz} - \frac{1}{T(z)}\frac{dT}{dz}\right)\Delta z \tag{1.14}$$

となる．よって持ち上げた高度での空気塊と周囲との密度差は (1.11)，(1.12)
と (1.14) から

$$\rho - \rho(z+\Delta z) = \rho(z)\left(1 + \frac{C_{\mathrm{vd}}}{C_{\mathrm{pd}}}\frac{1}{p(z)}\frac{dp}{dz}\Delta z\right) - \rho(z) - \rho(z)\left(\frac{1}{p(z)}\frac{dp}{dz} - \frac{1}{T(z)}\frac{dT}{dz}\right)\Delta z$$

$$= \rho(z)\left(\frac{C_{\mathrm{vd}}}{C_{\mathrm{pd}}}\frac{1}{p(z)}\frac{dp}{dz}\Delta z\right) - \rho(z)\left(\frac{1}{p(z)}\frac{dp}{dz} - \frac{1}{T(z)}\frac{dT}{dz}\right)\Delta z$$

$$= \rho(z)\Delta z\left(\frac{C_{\mathrm{vd}} - C_{\mathrm{pd}}}{C_{\mathrm{pd}}}\frac{1}{p(z)}\frac{dp}{dz} + \frac{1}{T(z)}\frac{dT}{dz}\right)$$

$$= \rho(z)\Delta z\left(\frac{-R_{\mathrm{d}}}{C_{\mathrm{pd}}}\frac{1}{p(z)}\frac{dp}{dz} + \frac{1}{T(z)}\frac{dT}{dz}\right) \tag{1.15}$$

となり，静力学平衡の式 (1.7) を用いると，

$$\rho - \rho(z+\Delta z) = \frac{\rho(z)\Delta z}{T(z)}\left(\frac{g}{C_{\mathrm{p}}} + \frac{dT}{dz}\right) \tag{1.16}$$

が得られる．温位の式 (1.4) を z で微分し，(1.15) に代入した

$$\frac{1}{\theta}\frac{d\theta}{dz} = \frac{1}{T}\frac{dT}{dz} - \frac{R_{\mathrm{d}}}{C_{\mathrm{pd}}}\frac{1}{p}\frac{dp}{dz} = \frac{1}{T}\frac{dT}{dz} + \frac{R_{\mathrm{d}}}{C_{\mathrm{pd}}}\frac{g}{R_{\mathrm{d}}T} = \frac{1}{T}\left(\frac{g}{C_{\mathrm{pd}}} + \frac{dT}{dz}\right) \tag{1.17}$$

を用いると，(1.16) は簡潔に

$$\rho - \rho(z+\Delta z) = \frac{\rho(z)\Delta z}{\theta(z)}\frac{d\theta}{dz} \tag{1.18}$$

と書き直すことができる．

　次に，持ち上げた空気塊の鉛直方向の運動を考える．鉛直方向の運動方程式
は鉛直速度を w とすると，

$$\frac{dw}{dt} = \frac{d^2z}{dt^2} = -g - \frac{1}{\rho}\frac{dp}{dz} \tag{1.19}$$

で定義され，一方持ち上げた高度での周囲の大気状態は静力学平衡の式 (1.7)
を満たしているので，

$$0 = -g - \frac{1}{\rho(z+\Delta z)}\frac{dp}{dz} \tag{1.20}$$

の関係下に存在する．(1.19) に (1.18) と (1.20) を代入すれば，

$$\frac{dw}{dz} = \frac{d^2z}{dt^2} = -g - \frac{1}{\rho}\frac{dp}{dz} = g\frac{\rho(z+\Delta z) - \rho}{\rho} = -\frac{g\Delta z}{\theta(z)}\frac{d\theta}{dz} \equiv -N^2\Delta z \qquad (1.21)$$

のように $N\ (=\sqrt{g/\theta(z)\ d\theta/dz})$ を振動数に持つ振動方程式が得られ，その振動数はブラント・バイサラ（Brunt-Väisälä）振動数とよばれる．なお，N が実数であるためには，持ち上げた空気塊の密度 ρ がその高度の周囲の密度 $\rho(z+\Delta z)$ よりも大きく，$d\theta/dz>0$ を満たす場合である．また，（1.21）は密度差から生じる浮力によって駆動される鉛直方向の運動を記述している．次節では，N^2 の正負から大気の安定度を説明する．

1.4 │ 大気の安定度

　高度 z から断熱的に少し上方に Δz だけ持ち上げた空気塊の密度 ρ がその高度の周囲の密度 $\rho(z+\Delta z)$ より小さくなると，持ち上げた空気塊が周囲の空気より軽くなるので，空気塊は浮力により自発的に上昇運動を開始する．それは，（1.21）で N^2 が負値（N が虚数）を持つ場合であり，θ が上空ほど小さくなる（$d\theta/dz<0$）場合である．この場合，（1.21）から指数関数的に増大する鉛直流の解が得られ，そのような大気状態は絶対不安定とよばれる．なお，標準大気（気温減率:$6.5\times10^{-3}\,°\text{C m}^{-1}$）では，1.2 節で述べたように鉛直方向の温位傾度（$\Delta\theta/\Delta z$）は $3.3\times10^{-3}\,°\text{C m}^{-1}$ であり，また図 1.1 で示した富士山周辺での年平均気温から見積もられる大気下層の温位傾度（$3.8\times10^{-3}\,°\text{C m}^{-1}$）も正値であり，ともに大気状態は絶対不安定でなく，安定していることになる．

　このように N^2 または $\Delta\theta/\Delta z$ の正負によって，（1.6′）で示した乾燥断熱減率 Γ_{d} と気温減率（$\Gamma=-\Delta T/\Delta z$）の関係を用いて，大気の安定度は

$$\left.\begin{array}{l} N^2>0 \ \text{または} \ \Delta\theta/\Delta z>0, \ \Gamma<\Gamma_{\text{d}}:\text{安定} \\ N^2=0 \ \text{または} \ \Delta\theta/\Delta z=0, \ \Gamma=\Gamma_{\text{d}}:\text{中立} \\ N^2<0 \ \text{または} \ \Delta\theta/\Delta z<0, \ \Gamma>\Gamma_{\text{d}}:\text{絶対不安定} \end{array}\right\} \qquad (1.22)$$

で判断することができる．中立は，安定でも絶対不安定でもなく，（1.21）から明白のように鉛直方向に加速度（浮力）が生じない状態である．なお，不安定には絶対という接頭語が付いている一方，安定には付いていない．これは，（1.22）で示す安定な条件下でも 2.1 節で説明する雲・降水をともなう大気で

は不安定な大気状態となる場合があるためである．また，2.1節では絶対安定な大気状態についても説明する．安定の度合いについては，Nや$\Delta\theta/\Delta z$が大きいほど，Γが小さいほどより安定な大気状態を示す．このことについては，次節で等温位面上での空気塊の動きから具体的に説明する．

　絶対不安定な大気状態になると，その不安定を解消するように瞬時に鉛直運動が生じるので，通常は大気状態が絶対不安定なまま維持されることはない．また，この絶対不安定で生じる鉛直運動は対流（convection）とよばれ，雲・降水をともなわない対流に限定して乾燥対流とよぶことがある．絶対不安定な大気状態が維持される場所は限定され，暖候期によくみられる地上付近の極度に日射で過熱された領域や，寒候期の日本海上などにみられる寒気吹き出し時の高度200〜300 m付近までの領域でよく観測される．なお，これらの絶対不安定な領域では地表面による摩擦粘性により対流が発生できないので，熱伝導や熱拡散によって徐々に不安定は解消されることになるが，それだけでは不安定は解消されず維持されるわけである（加藤，2017）．

1.5 ┃ 気温と温位の関係

　鉛直方向の温位傾度（$\Delta\theta/\Delta z$）が正値で，大気状態が安定な場合，空気塊を鉛直方向に断熱的に少し移動させても元の場所に戻ろうとする．これは，(1.21)からわかるように，上向きに移動させたとき（$\Delta z>0$）には空気塊には負の浮力（下向きの力）が働き，逆に下向きに移動させたとき（$\Delta z<0$）には正の浮力（上向きの力）が働くためで，元の場所をベースとしてブラント・バイサラ振動数Nで振動することになる．このことを踏まえ，空気塊が水平方向にどのように移動するかを考えることで，乾燥大気の流れを説明する．

1.5.1 ┃ 等温位面上の乾燥大気の流れ

　乾燥大気の流れがどのように決まるかを空気塊の重い，軽いから考える．1.4節で示したように乾燥断熱減率（〜9.8×10^{-3}℃ m^{-1}）よりも上空の気温が低くなっているとき，温位で考えると，上空ほど温位が小さくなっている場合（$d\theta/dz<0$）では，絶対不安定な大気状態になっていて，浮力により上空に向

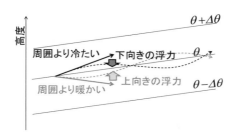

図 1.6　安定な大気状態での空気塊の動き
直線は等温位線を示す.

かって空気塊の運動が生じる. それ以外の場合では空気塊の上下への移動は小さく, もっぱら水平方向に動く. ここで温位 θ が上空に向かって増大（$d\theta/dz$ >0）する安定な大気状態で, 簡単のために, 場に変化がない定常な状態を考え, 図 1.6 のように右に向かって温位一定の高度が高くなっている場を想定する.

　図 1.6 の黒矢印のように温位 θ の線上（面上）のある地点から空気塊が上向きに移動したらどうなるだろうか. 移動した先の温位は移動した空気塊の温位 θ よりも高い, すなわち移動先の温度のほうが高いので, 相対的に冷たくなる空気塊を下向き（図中の⬇）に動かそうとする浮力が働く. 逆に下向きに移動した場合は, 移動先の温位のほうが低い（温度が低い）ので, 上向きの浮力（図中の⬆）が働くことになる. この正負の浮力によって温位 θ の線上に戻ってくる. 戻るだけでなく, 浮力により加速されて鉛直速度を持つことになるので, その線を飛び越して, 上下反対方向に移動し, 今度は逆向きの浮力が生じる. このように空気塊は温位 θ の線を中心に上下に振動しながら, 温位 θ の線に沿って移動することになる. この大気の持つ固有振動がブラント・バイサラ振動数 N で表現される. また, N が大きい場合には, すなわち温位の鉛直方向への変化（$d\theta/dz$）が大きくなることで反発する浮力が大きくなるので, 上下に空気塊を移動させてもより素早く温位 θ の線上に戻ってくるようになる. すなわち, N が大きく, 等温位線が鉛直方向に密なほど, 大気状態がより安定していることを示す.

　図 1.6 で示したように, 乾燥大気の流れは等温位線上（面上）に沿って生じることになる. さらに図 1.6 のように右に向かって等温位線が高くなっていると, 同方向に移動する大気の流れも上昇することになり, その上昇により空気

塊の温度は乾燥断熱減率で低下することになる．逆に等温位線が下降している場合には，空気塊は自身の温度を乾燥断熱減率で上昇させつつ，等温位線に沿って下降することになる．

1.5.2 ▎気温と温位の鉛直プロファイルの関係

　前述と同じように，場が移動していない定常な状態を考え，図1.7のように右に向かって温位一定の高度が高くなっている場を想定する．そのときの気温分布がどのようになっているかを考えてみる．等気圧面（〜等高度）でみると，右に向かって温位 θ が低くなっていると，温位の定義式（1.4）から気圧 p が一定なので気温 T も右ほど低くなる．ただ，温位は上空ほど高くなっているが，気温は逆に低くなるので，気温一定の高度は右に向かって低くなる．このように温位と気温の等値線の傾きは逆になるので，イメージ的に認識・理解するのは容易ではない．次項で実例を示すので，そこで改めて温位と気温の等値線の関係を確認してもらいたい．

　北半球を考えると，極域で気温が低く，赤道域で気温が高いので，図1.7の左は南方向，右は北方向の気温と温位の分布とみることができる．等気圧面（〜等高度）で南風が存在する場合を考えると，暖かい空気が北方向に移動することになるので，暖気移流場を示していることになる．このとき空気塊は前項で説明したように等温位線に沿って移動するので，徐々に空気塊の存在高度は高くなる．すなわち上昇気流場を形成することになる．また，コリオリ力（転向力）が働くので，時計回りに移動方向を変えようとする．これらから，暖気移

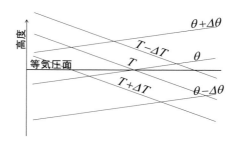

図1.7　場が移動していない定常状態での等気温線と等温位線との関係

流場であれば，上昇気流場を形成し，上空に向かって風向は時計回りに回転するようになる．詳細については，小倉（2000）などの総観気象学の教科書を参考にしていただきたい．なお，ここで形成される上昇気流場は積乱雲にともなう数 m s^{-1} を超えるものではなく，総観スケールのたかだか数 cm s^{-1} 程度のものである（3.1 節参照）．

1.5.3 ▌ 実際の大気プロファイルの例

　前項では図 1.7 を用いて，温位と温度の等値線の傾きは逆になることを示した．そのことを具体的に，2016 年 5 月 31 日の実際の大気のプロファイルから確認してみる．この事例では，地上付近には東よりの風により 10℃ を下回る冷たい空気が道東地方に流入していた（図 1.8(b) の破線円内）．ただ，950 hPa 気圧面では，道東地方（図 1.8(a) の楕円領域）の水平風では東よりの風でなく，南よりの風になっている．また，道東地方の南方沖では，12℃ 以上の南から暖かい空気が流入しているにもかかわらず，道東地方での 950 hPa 気圧面の気温は 9℃ を下回っている．

　この低温化の要因を図 1.8(a) の SN 線分で示した線上の南北鉛直断面図（図 1.8(b)）から説明する．東よりの風がみられるのは 1000 hPa 気圧面だけで，

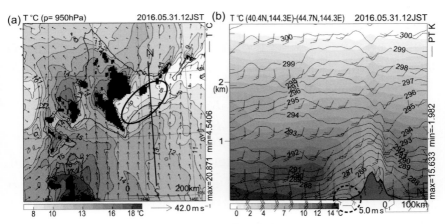

図 1.8　2016 年 5 月 31 日 12 時の (a) 950 hPa 気圧面の気温（陰影，℃）と水平風（ベクトル）と，(b) (a) の線分 SN 上の気温（陰影，℃）と温位（等値線，K）の鉛直断面図
　(a) の黒領域は山岳でデータが存在しない場所．(b) の矢羽は水平風．気象庁メソ解析から作成．

それより上空は南よりの風になっている．850 hPa 気圧面より下層の気温（陰影）は図の中央から山岳域までは右側（北側）ほど低下していることがわかる．気温の等値線を引くと右側に向かって下がることになる．一方，気温低下がみられる部分では，温位の等値線（黒実線）は北側に向かって上がっている．すなわち，温位と気温の等値線の傾きは逆になっていることが確認できる．なお，温位の値は，気温のように摂氏（℃，零度を基本）ではなく，絶対温度（K = 273.16 + ℃）で記述する．

　以上の説明から，950 hPa 気圧面にみられる低温域は寒気の流入ではなく，図 1.7 のように，より下層の空気が等温位面上を移動した結果，950 hPa 気圧面に達したためであることがわかる．290 K の等温位線に着目すると，950 hPa 気圧面で 11℃ 程度だったものが，900 hPa 気圧面に持ち上げられることで 6℃ 程度になっている．50 hPa（〜500 m）の上昇で，約 5℃ 低下していることになる．この低下の割合は乾燥断熱減率（〜9.8×10^{-3}℃ m^{-1}）になっていることも確認することができる．この事例のように等温位面をみることで，雲域や降水域を除けば，すなわち乾燥大気ならば，空気塊の上下方向の流れを容易に読み取ることができる．また，今まで説明してきたように，温位は乾燥大気の保存量なので，雲や降水をともなわずに外部との熱のやり取りがない断熱過程では，すなわち乾燥大気では空気塊は等温位面上を移動する．

　等温位面をみる前に，図 1.9(a) の 950 hPa 等圧面上での高度と大気の流れとの関係をみてみる．地表面摩擦の影響がなく，コリオリ力と気圧傾度力が釣り合っている地衡風平衡の場：

$$fu_{\mathrm{g}} = -\frac{1}{\rho}\frac{dp}{dy} = g\frac{dz}{dy}$$

$$fv_{\mathrm{g}} = \frac{1}{\rho}\frac{dp}{dx} = -g\frac{dz}{dx}$$

(1.23)

であれば，大気の流れは高度場の等値線に平行になる．ここで，f はコリオリパラメータ，$(u_{\mathrm{g}}, v_{\mathrm{g}})$ は地衡風の東西（x）および南北（y）成分である．そのような流れにおおむねなっていることがわかる．特に，図の西側や北東部では明瞭である．ただ，高度場の等値線と平行な流れから少なからず"ずれて"いる領域もあり，そのような領域では空気の流れの場が降水や地形の影響を受け

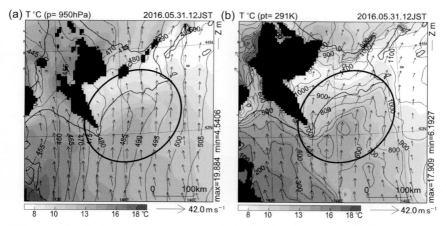

図 1.9 2016 年 5 月 31 日 12 時の (a) 950 hPa 気圧面の気温 (陰影, ℃), 高度 (等値線, m) と水平風 (ベクトル) と, (b) (a) と同じ, ただし, 291 K 等温位面の気温 (陰影, ℃)
黒領域は山岳でデータが存在しない場所. 気象庁メソ解析から作成.

ていること (非地衡風成分の存在) を示している. また, 図 1.8(a) の楕円領域に注目すると, 空気の流れに沿って高度が数 m 高くなっていることがわかるが, 降水や地形の影響もあるので, 必ず上昇気流が存在しているとは判断できない. このように, 等圧面では地衡風平衡からの "ずれ" によって, 空気の流れに対する降水や地形の影響を判断することができるが, 空気の鉛直方向の流れを明確に見出すことはできない.

　一方, 291 K の等温位面で同じ領域 (図 1.9(b) の楕円領域) に注目すると, 南側での高度 500 m 前後から北側では高度 1 km 前後に上昇していることがわかり, 空気の鉛直方向の流れを明確に見出すことができる. なお, 雲や降水が生じていないことが前提条件となるので, 相対湿度場 (100% でないこと) と降水が生じていない (予想されていない) ことをあわせてチェックすることが必要である.

文　献

[1] 加藤輝之, 2017：図解説　中小規模気象学, 気象庁, 316 pp. http://www.jma.go.jp/jma/kishou/know/expert/pdf/textbook_meso_v2.1.pdf.

[2] 小倉義光, 2000：総観気象学入門, 東京大学出版会, 215pp.

CHAPTER 2
不安定と積乱雲 ―湿潤大気の運動―

2.1 不安定な大気状態

　乾燥大気では，乾燥断熱減率（9.8×10^{-3} ℃ m^{-1}）よりも上空の気温が低くなっている場合では大気状態は絶対不安定で，そこまで低くなっていない場合では大気状態は安定していると述べた（1.4節参照）．絶対不安定な大気状態では，通常瞬時に乾燥対流が発生して上下の気温差を小さくすることで不安定を解消する．ただ，標準大気の気温減率は 6.5×10^{-3} ℃ m^{-1} であり，日本付近の大気下層の気温減率（1.1節参照）はそれよりも小さく，大気状態は通常安定していることになるが，積乱雲を代表とする不安定な大気状態で発生する気象擾乱がしばしば発生し，降水をもたらしている．これは，乾燥大気でみれば安定な状態であっても，雲や降水をともなう大気でみれば条件によっては不安定な状態になることがあるためである．このような不安定な大気状態は条件付き不安定とよばれ，その条件については2.1.2項で詳しく説明する．また，雲や降水をともなう大気は，乾燥大気と区別して，湿潤大気とよばれる．

2.1.1 湿潤断熱減率

　乾燥大気では，乾燥静的エネルギー保存則（1.5）から温位一定として，周囲の空気との混合がない条件で断熱的に空気塊を持ち上げると，乾燥断熱減率（9.8×10^{-3} ℃ m^{-1}）で空気塊の温度が低下することを位置エネルギーと温度によるエネルギー（エンタルピー）の和が保存することから定性的に説明した．それでは，同様の条件で空気塊を持ち上げて雲が生じる場合ではどうなるのだろうか．

　雲が生じる場合，位置エネルギーと温度によるエネルギーに，水蒸気のエネ

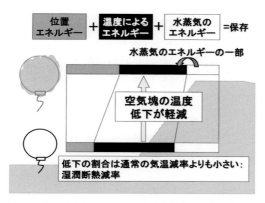

図2.1　湿潤大気において，地上の空気塊を上空に持ち上げたときの断熱過程（外部との熱の出し入れがない状態）を仮定して雲が生じたときのエネルギーの保存性

ルギー（潜熱：latent heat）を加えた総和が保存されることになり，定性的には水蒸気が凝結することにより放出された水蒸気のエネルギーが温度によるエネルギーに変換される（図2.1）．この保存則は，湿潤静的エネルギー保存則とよばれ，湿潤大気に適用できる．なお，水蒸気のエネルギーが放出されても空気塊の位置は変わらないので，位置エネルギーが変化することはない．また，乾燥静的エネルギー同様に，湿潤静的エネルギーも厳密には保存しない．湿潤静的エネルギー h は

$$h \equiv C_{pd}T + gz + L_v q_v \tag{2.1}$$

のように定義され，その保存性については吉崎・加藤（2007）を参照していただきたい．ここで，C_{pd} は乾燥空気の定圧比熱，L_v は水から水蒸気への蒸発熱，q_v は水蒸気の混合比である．

　水蒸気量を表す q_v は，乾燥大気の密度 ρ_d に対する水蒸気の密度 ρ_v の比（ρ_v/ρ_d）で定義され，ρ_v は水蒸気の状態方程式

$$e = \rho_v R_v T \tag{2.2}$$

を満たす．ここで，e は水蒸気圧，R_v は一般気体定数を水蒸気の分子量（〜18.02 kg kmol^{-1}）で除した水蒸気の気体定数（〜461 J K^{-1} kg^{-1}）である．また，水蒸気を除外した部分の乾燥大気の状態方程式はダルトン（Dalton）の法則か

ら水蒸気の分圧を除くことで

$$p - e = \rho_{\mathrm{d}} R_{\mathrm{d}} T \tag{2.3}$$

となる．（2.2）と（2.3）から飽和している湿潤大気の混合比である飽和混合比 q_{vs} は，気圧と気温だけの関数として

$$q_{\mathrm{vs}} = \frac{\rho_{\mathrm{vs}}}{\rho_{\mathrm{d}}} = \frac{e_{\mathrm{s}}(T)}{p - e_{\mathrm{s}}(T)} \frac{R_{\mathrm{d}}}{R_{\mathrm{v}}} = \varepsilon \frac{e_{\mathrm{s}}(T)}{p - e_{\mathrm{s}}(T)} \tag{2.4}$$

のように求まる．ここで，ρ_{vs} は飽和状態にある水蒸気の密度，$\varepsilon = R_{\mathrm{d}}/R_{\mathrm{v}}$ であり，飽和水蒸気圧 e_{s} はクラウジウス・クラペイロン（Clausius-Clapeyron）の式：

$$\frac{de_{\mathrm{s}}}{e_{\mathrm{s}}} = \frac{L_{\mathrm{v}}}{R_{\mathrm{v}} T^2} dT \tag{2.5}$$

および，キルヒホフ（Kirchhoff）の式：

$$\frac{dL_{\mathrm{v}}}{dT} = C_{\mathrm{pv}} - C_{\mathrm{w}} \tag{2.6}$$

により温度だけの関数として定義される．なお，（2.5）は L_{v} が（2.6）で与えられる温度の関数のために簡単には積分できない．その代わりに，テテン（Tetens）の式：

$$e_{\mathrm{s}}(T) = e_{\mathrm{s}0} \exp\left(\frac{17.27(T - T_0)}{T - 35.86} \right) \tag{2.7}$$

がよく代用されている．ここで，温度 T は絶対温度（K）で与え，T_0 は 273.16 K，$e_{\mathrm{s}0}$ は 6.11 hPa である．また，図 2.2 に e_{s} が温度上昇にともなって指数関数的に増大することを具体的に示す．

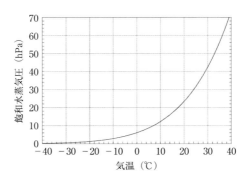

図 2.2　気温に対する飽和水蒸気圧の変化

　空気塊を持ち上げることで位置エネルギーの増加にともなって温度によるエネルギーが減少するが，その減少は凝結による水蒸気のエネルギーの放出で緩和され，その結果として空気塊の温度低下が軽減される（図2.1）．この軽減された温度低下率は湿潤断熱減率とよばれ，通常よくみられる気温減率（～6 ×10^{-3}℃ m^{-1}）よりも小さい．湿潤断熱減率は，乾燥断熱減率のように定数ではなく，気圧と気温の関数として導出され，代表的な値として 1000 hPa で 25 ℃なら約 4×10^{-3}℃ m^{-1}である．気温が低くなると空気塊に含まれうる水蒸気量が少なくなるために水蒸気のエネルギーの放出量が減るので，湿潤断熱減率は乾燥断熱減率に近づく．

　次に，熱力学第一法則から湿潤断熱減率を導出する．乾燥大気，水蒸気および凝結した水が共存する飽和した湿潤大気が断熱的に上昇することによって水蒸気が凝結し，ある大気状態 (p, T) から $(p+dp, T+dT)$ へ変化する過程（湿潤断熱過程）を考えると，

$$-L_v dq_{vs} = (C_{pd} + q_{vs}C_{pv} + lC_w)dT - R_d T\frac{d(p-e_s)}{p-e_s} - q_{vs}R_v T\frac{de_s}{e_s} \qquad (2.8)$$

という関係が得られる．ここでは，定数として，C_{pd}：乾燥大気の定圧比熱，C_{pv}：水蒸気の定圧比熱，C_w：水の定圧比熱，R_d：乾燥大気の気体定数，R_v：水蒸気の気体定数，変数として，L_v, q_{vs}, l：凝結した水の混合比，e_s：水の飽和水蒸気圧を用いる．(2.8) を具体的に説明すると，左辺は水蒸気の凝結にともなう水蒸気のエネルギーの放出によるエネルギーの増加量であり，水蒸気が減少（$dq_{vs}<0$）するので左辺は正値になる．右辺第1項は乾燥大気，水蒸気と凝結した水の温度変化，第2項と第3項はそれぞれ乾燥大気と水蒸気の圧力変化にともなうエネルギーの変化量である．

　湿潤大気の状態方程式はボイル・シャルルの法則（1.2）から湿潤大気の密度と気体定数をそれぞれ ρ と R とすると，

$$p = \rho R T \qquad (2.9)$$

で与えられる．ここで，R は（1.3）と（2.2），（2.4）および $\rho = \rho_d + \rho_v$ から

$$R = \frac{1 + q_{vs}/\varepsilon}{1 + q_{vs}}R_d \approx (1 + 0.61q_{vs})R_d \qquad (2.10)$$

のように乾燥大気の気体定数と飽和混合比で記述できる（詳細は 2.3.4 項の仮

温度の導出を参照）．静力学平衡の式 (1.7) および (2.4) と (2.5)，(2.9) を (2.8) に代入すると，湿潤断熱減率 Γ_{m} （$\equiv -dT/dz$）が

$$\Gamma_{\mathrm{m}} = \frac{g}{C_{\mathrm{pd}}} \frac{1 + \left(\dfrac{L_{\mathrm{v}}}{RT} - 0.61\right) q_{\mathrm{vs}}}{\left(1 + \dfrac{q_{\mathrm{vs}} C_{\mathrm{pv}} + l C_{\mathrm{w}}}{C_{\mathrm{pd}}}\right)\left(1 - \dfrac{q_{\mathrm{vs}}}{\varepsilon + q_{\mathrm{vs}}}\right) + \dfrac{\varepsilon L_{\mathrm{v}}^{\,2} q_{\mathrm{vs}}}{C_{\mathrm{pd}} R_{\mathrm{d}} T^2}} \tag{2.11}$$

のように得られる．また，(2.9) で凝結後の水が系外に放出されること（$l=0$：偽断熱過程）を仮定し，(2.10) の近似を用いて，分母および分子の各項の大小を比較して微小項を削除することで，

$$\Gamma_{\mathrm{m}} \approx \frac{g}{C_{\mathrm{pd}}} \frac{1 + \dfrac{L_{\mathrm{v}} q_{\mathrm{vs}}}{R_{\mathrm{d}} T}}{1 + \dfrac{\varepsilon L_{\mathrm{v}}^{\,2} q_{\mathrm{vs}}}{C_{\mathrm{pd}} R_{\mathrm{d}} T^2}} \tag{2.12}$$

と近似することができる．詳細な導出は，吉崎・加藤（2007）などの教科書を参考にしていただきたい．

　ここで，簡単のため，(2.12) から湿潤断熱減率 Γ_{m} の値を推測してみる．(2.4) ～(2.6) で示したように，L_{v} は温度だけの関数であり，q_{vs} は温度と気圧の関数である．これらから，Γ_{m} は温度と気圧だけで算出できることがわかる．また，q_{vs} は (2.4) と (2.7) から温度上昇に対して指数関数的に大きくなることがわかる．これは，図2.2に示した e_{s} の温度変化によるものである．具体的には地上付近では気温が1℃上昇すると q_{vs} は約7%増加し，10℃上昇すると約2倍になり，わずかな気温上昇で大気中に含まれうる水蒸気量は急激に多くなる．このことが，3.6節で述べる温暖化時に大雨が増える要因の大きな理由である．逆に温度が低くなると，q_{vs} は指数関数的に小さくなり，(2.12) の q_{vs} が付随する分子と分母にある項はともに0に近づき，Γ_{m} は g/C_{pd}，すなわち乾燥断熱減率 Γ_{d} に漸近することになる．このことは，(2.8) で水蒸気に関する項を消去すれば，(1.1) の乾燥大気における熱力学第一法則に一致することからも理解することができる．

2.1.2 ▌条件付き不安定

　乾燥大気では安定な状態であっても，雲や降水をともなう湿潤大気では条件

によっては不安定な状態になることがあると本章の冒頭で説明した．その条件付き不安定について，実際の大気の気温減率 Γ ($= -\Delta T/\Delta z$) と乾燥断熱減率 Γ_d ($= 9.8 \times 10^{-3}$ ℃ m^{-1}) および湿潤断熱減率 Γ_m との関係から説明する．なお，大気状態が条件付き不安定だとしても，必ず積乱雲等が発生するわけではないので，不安定が顕在化するための条件が別途必要である．その条件については2.3節で説明する．また，条件付き不安定下で発生する積乱雲等の雲や降水をともなう対流は，乾燥大気での乾燥対流と区別して，湿潤対流とよばれる．

湿潤大気における安定度は，図2.3で示したように

$$\left.\begin{array}{l} \Gamma < \Gamma_\mathrm{m}：絶対安定 \\ \Gamma_\mathrm{m} < \Gamma < \Gamma_\mathrm{d}：条件付き不安定 \\ \Gamma > \Gamma_\mathrm{d}：絶対不安定 \end{array}\right\} \tag{2.13}$$

で判断できる．空気塊を断熱的に持ち上げ続け，凝結することで雲が生じると，その後では湿潤断熱減率で空気塊の温度は低下することになる．その温度低下の割合よりも，周囲の気温低下の割合が小さいと，持ち上げた空気塊をどこまで高く持ち上げても，周囲の気温よりも高くなることはありえない．すなわち，空気塊を上空にどれだけ持ち上げようが対流が発生する絶対不安定な状態（周囲の気温よりも低くなる状態）にならないことから，$\Gamma < \Gamma_\mathrm{m}$ である大気状態を絶対安定とよぶ所以である．条件付き不安定は，絶対安定でも絶対不安定でもない大気状態で，空気塊を上空に持ち上げると湿潤対流が発生する可能性がある状態を意味している．説明での表現が可能性になっているのは，周

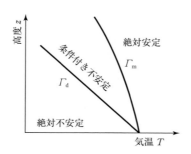

図2.3　湿潤大気における気温減率に対する大気の安定度の区分

Γ_d と Γ_m はそれぞれ，乾燥断熱減率と湿潤断熱減率．

囲の気温よりも低くなる絶対不安定な大気状態まで空気塊を持ち上げる必要が
あるためで，条件付き不安定な大気状態は湿潤対流が発生する必要条件であっ
て，十分条件ではない．

2.2 | 相当温位とは

　乾燥大気では，位置エネルギーと温度によるエネルギー（エンタルピー）を
用いて大気の安定度を議論し，この2つのエネルギーのみを考えるのであれば，
通常の大気は安定な状態にあることを説明した（1.4節）．湿潤大気では，そ
の2つのエネルギーに2.1節で導入した潜熱とよばれる水蒸気のエネルギーが
加わる．本節ではまず，気温と水蒸気の鉛直分布から条件付き不安定の大気状
態で発生する湿潤対流を代表する積乱雲の発生条件について考えてみる．
　やかんに水を入れて沸騰させて湯気が生じるように，水蒸気を発生させるた
めには加熱する必要がある．なお，湯気は水蒸気が凝結した細かい水滴である．
このことは，気体である水蒸気は液体である水よりも多くのエネルギーを持っ
ていることを示唆している．この水から水蒸気に変えるのに必要なエネルギー
が潜熱である．逆に，水蒸気が凝結して水に戻ると，潜熱を放出して水蒸気を
含んでいた空気を暖める．この潜熱の放出が積乱雲を発生させる主要因となる．
また本節では，乾燥大気での保存量である温位に対して，湿潤大気での保存量
である相当温位（equivalent potential temperature）についても説明する．

2.2.1 ▌積乱雲の発生条件

　位置エネルギー，温度によるエネルギーと水蒸気のエネルギーの総和が保存
することから，どのようにして積乱雲が発生するかを説明する．図2.4の太実
線のような周囲の気温の鉛直プロファイルで与えられた大気状態を考え，その
下層（図2.4では1000 hPa気圧面）から周囲の空気と混合しない条件で断熱
的に空気塊を持ち上げる．相対湿度100%になるまで，すなわち凝結して雲が
生じるまでは乾燥大気とみなすことができるので，温度のエネルギーから位置
エネルギーに変換されながら，乾燥断熱減率（$9.8 \times 10^{-3}\,{}^\circ\mathrm{C}\ \mathrm{m}^{-1}$）で気温低下
する乾燥断熱線（黒直線）に沿って空気塊は持ち上げられることになる．乾

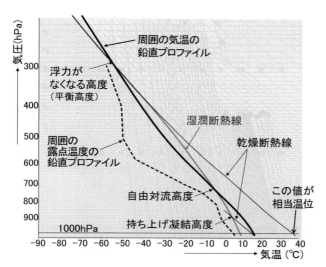

図2.4 温度エマグラムを用いた **1000 hPa** の空気塊の相当温位の理解
太実線と破線は周囲の気温と露点温度の鉛直プロファイル.

燥断熱線は温位一定の線であり，この乾燥断熱線上の 1000 hPa の標準気圧での温度が温位の値になる．また，凝結して雲が生じる高度は持ち上げ凝結高度（lifting condensation level：LCL）とよばれる．

　凝結により水蒸気のエネルギー（潜熱）が放出されると，空気塊そのものを温めるので，凝結後には湿潤断熱減率で気温低下する湿潤断熱線（灰実線）に沿って持ち上げられることになる．持ち上げる途中で周囲の気温プロファイル（太実線）と交差することがあり，その交差点の高度は自由対流高度（level of free convection：LFC）とよばれる．この高度よりも湿潤断熱線に沿ってさらに上空に持ち上げられると，周囲の気温よりも持ち上げた空気塊の温度のほうが高くなる，すなわち絶対不安定な大気状態になる．それにより，空気塊は浮力を得て，自ら上昇できるようになり，積乱雲が発生する．さらに空気塊を持ち上げる（実際は空気塊が自ら上昇する）と，再度周囲の気温プロファイルと交差する．この交差点の高度は浮力がなくなる高度（level of neutral buoyancy：LNB）や浮力ゼロ高度，または平衡高度（equilibrium level：EL）とよばれ，この高度が積乱雲の発達高度の目安となる．

　まとめると，積乱雲が発生するには，下層の空気塊を持ち上げたとき，周囲

の気温よりも高くなること（LFC が存在すること）が必要条件となる．このような条件が満たされている場合，天気予報では単に，"不安定な大気状態"と解説される．正式には潜在不安定（latent instability）とよばれ，後に説明する対流不安定（convective instability または potential instability）とは区別される．また必要条件であって，十分条件にはなっていない．これは，潜在不安定であっても必ず積乱雲が発生するわけではないからである．積乱雲が実際に発生するためには，上記の必要条件に加えて，十分条件となる LFC まで下層の空気塊を持ち上げることができる外部強制力（前線や地形による強制上昇など）が必要となる．

2.2.2 ┃ 相当温位の定義と近似式

前項では，位置エネルギー，温度によるエネルギー（エンタルピー）と水蒸気のエネルギーの総和が保存することを念頭に，積乱雲の発生を議論した．また，1.2 節では位置エネルギーと温度によるエネルギーが保存すること（乾燥静的エネルギー保存則）を用いて，温位の概念を説明した．ここでは，前出の3つのエネルギーが保存すること（湿潤静的エネルギー保存則）を用いて，相当温位の概念について説明する．相当温位の定義は，図 2.4 に示したように空気塊の持つすべての水蒸気を凝結させるまで湿潤断熱線に沿って上昇させ，その後に乾燥断熱線に沿って 1000 hPa 気圧面高度まで空気塊を下ろしたときの温度（絶対温度で表記）であり，厳密に数式を用いて求めることはできない．温位は概念的には，位置エネルギーと温度によるエネルギーのすべてを温度によるエネルギーとしたときの温度であると説明した．同様に相当温位は，位置エネルギー，温度によるエネルギーと水蒸気のエネルギーのすべてを温度によるエネルギーとしたときの温度ととらえることができる．このことから，同じ高度なら気温が高い，または水蒸気量が多いほど，相当温位が高くなることが容易にわかるだろう．

次に，（2.8）から湿潤断熱過程における保存量である相当温位の近似式を導出する．（2.5）から，

$$d\left(\frac{L_v q_{vs}}{T}\right) = \frac{L_v dq_{vs}}{T} + \frac{q_{vs}(C_{pv} - C_w)dT}{T} - \frac{L_v q_{vs} dT}{T^2} \tag{2.14}$$

という関係式が得られ，これを（2.8）に代入すると，

$$(C_{pd} + (q_{vs} + l)C_w)\frac{dT}{T} - R_d \frac{d(p - e_s)}{p - e_s} + d\left(\frac{L_v q_{vs}}{T}\right) = 0 \tag{2.15}$$

が得られる．ここでは，

$$C_{pd} \gg q_{vs}C_w \Rightarrow C_{pd} + q_{vs}C_w \approx C_{pd} \tag{2.16}$$

という近似を用いた．参考までに，$q_{vs}C_w$ は C_{pd} に対して最大 10% 程度の大きさである．（2.15）に凝結後の水が系外に放出されること（$l = 0$：偽断熱過程）を仮定して（2.16）の近似を用いると，

$$\frac{dT}{T} - \frac{R_d}{C_{pd}} \frac{d(p - e_s)}{p - e_s} + d\left(\frac{L_v q_{vs}}{C_{pd}T}\right) = 0 \tag{2.17}$$

となり，積分すると飽和相当温位（saturated equivalent potential temperature）

$$\theta_e^* = T\left(\frac{p_0}{p - e_s}\right)^{\frac{R_d}{C_{pd}}} \exp\left(\frac{L_v q_{vs}}{C_{pd}T}\right) \equiv \theta_d \exp\left(\frac{L_v q_{vs}}{C_{pd}T}\right) \tag{2.18}$$

の近似式が得られる．ここで，θ_d は水蒸気を含まない場合の温位で，乾燥温位（dry potential temperature）とよばれる．さらに，θ_d を θ で近似して記載している教科書も多数見かけるが，この近似は用いるべきではない．なぜなら，この近似での誤差は非常に大きく，地上（～1000 hPa）で気温が 30℃ を超えると，図 2.2 にあるように飽和水蒸気圧が 40 hPa 以上になり，θ_d を用いた場合に比べて 4% 以上の誤差が生じる．たとえば，$\theta_e^* = 350$ K なら値が 14 K 以上小さくなる．また，（2.4）で定義される飽和混合比の代わりに，飽和比湿（$= \varepsilon e_s(T)/p$）が用いられることもあるが，この代用も θ_d を用いる以上の大きな誤差が生じるので，飽和比湿での代用もするべきではない．

　飽和相当温位の値は（2.18）の近似式を用いた場合でも，偽断熱過程（$l = 0$）のみを仮定して，（2.11）の湿潤断熱減率を用いて本項の冒頭に述べた相当温位の定義に従って算出した場合に比べて，最大で 0.1 K 程度の誤差が生じる．この誤差は（2.16）の近似に起因する．（2.18）より精度の高い飽和相当温位の近似式として，ボルトン（Bolton, 1980）の式：

$$\theta_e^* = T\left(\frac{p_0}{p - e_s}\right)^{\frac{R_d}{C_{pd}}} \exp\left(\left(\frac{3036.0}{T} - 1.78\right)q_{vs}(1 + 0.448 q_{vs})\right) \tag{2.19}$$

がある．この式は，（2.11）の湿潤断熱減率を用いて定義に従って算出した値に漸近するように関数を当てはめたものであり，誤差は最大で 0.02 K 程度で

ある.

　飽和状態にない大気では，空気塊を乾燥断熱線に沿って断熱的に上昇させ凝結する LCL に達するまで，空気塊の θ_d および q_v は保存される．したがって，飽和状態にない湿潤大気についても

$$\theta_e = \theta_d \exp\left(\frac{L_v q_v}{C_{pd} T_{LCL}}\right) = T\left(\frac{p_0}{p - e_{sLCL}}\right)^{\frac{R_d}{C_{pd}}} \exp\left(\frac{L_v(T_{LCL})q_v}{C_{pd} T_{LCL}}\right) \tag{2.20}$$

を保存量として定義できる．ここで，T_{LCL} と e_{sLCL} は空気塊を LCL に持ち上げたときの気温と水の飽和蒸気圧であり，$L_v(T_{LCL})$ は温度 T_{LCL} での値である．また，LCL では空気塊は飽和するので，q_v は q_{vs} と表記でき，(2.20) は飽和相当温位の近似式 (2.18) と一致する．(2.20) で定義されるものが相当温位の近似式であり，相当温位は乾燥断熱過程でも湿潤断熱過程でも保存量として取り扱うことができる.

2.3 ┃ 高層気象観測とエマグラム

　前節では，図 2.4 を用いて積乱雲の発生条件および相当温位の定義を説明した．図 2.4 では横軸に気温，縦軸に気圧を取ることで，その鉛直プロファイルから安定・不安定などの大気状態を把握できる．本節で説明するように縦軸を対数での気圧とすることで，図 2.4 は図上での単位面積が単位質量あたりのエネルギーになるように設定されていることから，エマグラム（emagram：energy per unit mass diagram）とよばれる．エマグラムには図 2.4 のように横軸に気温を取るものと，温位を取るものの 2 種類があり，それぞれは区別して温度エマグラムと温位エマグラムとよばれる．単にエマグラムとよぶときは，前者の温度エマグラムのことを指す．また，エマグラムは，上空の大気状態を把握するために世界各国が協力して実施している高層気象観測の結果を描画する目的で使用されてきた.

2.3.1 ┃ 高層気象観測

　気象庁の高層気象観測では，2009 年 11 月までは温度計，湿度計，気圧計といった気象観測測器（レーウィンゾンデ）をゴム気球にぶら下げて飛揚させ，

上空の大気状態を直接観測してゾンデからの信号（観測データ）を地上局で受信し，地上局に設置したパラボラアンテナを用いた自動追跡型方向探知機でゾンデを追跡することで上空の風向・風速を推定していた．その後，気象観測測器は GPS（Global Positioning System）ゾンデに置き換えられ，現在は気圧計を用いず，気圧は測高公式から推定することで，小型・軽量化（バッテリーを含め約 40～280 g）されたものが用いられている（図 2.5）．測高公式は静力学平衡の式（1.7）を用いて，観測された気温を用いて地上から積み上げることで，気圧（高度）から高度（気圧）を推定するものである．また，高度と風速・風向は GPS 衛星による 3 次元測位データから推定できるので，地上局の自動追跡型方向探知機は不要となっている．

　現在，気象庁では通常 1 日 2 回（9 時と 21 時），全国 14 地点で GPS ゾンデによる高層気象観測（約 200 km 間隔）を実施している．ゾンデは飛揚中には，積乱雲中を上昇する場合や，積乱雲の周辺の補償下降気流内を上昇する場合などがあり，必ずしもその周辺の大気状態を代表するものではない．また，観測測器には不確かさ（気温では最大 0.4℃，湿度では最大 5%）があり，雲頂から上空に出た場合などには不自然な値を観測することもある．そのため，地上

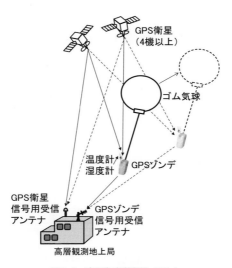

図 2.5　高層気象観測システム

付近を除いて，絶対不安定な大気状態を除去するなどの品質管理が行われ，品質管理後の観測データが配信されている（阿部，2015）．

2.3.2 ▏ 温度エマグラム

温度エマグラムの活用法について，平成29年7月九州北部豪雨の事例を取り上げて説明する．この事例では，12時間積算降水量で500 mmを超える大雨（図2.6(b)）が，7月5日9時の地上天気図（図2.6(a)）に示された梅雨前線の南側100〜200 kmで発生した．気象研究所（2017）の解析では大雨の発生要因を以下のように取りまとめている．対馬海峡付近に停滞した梅雨前線に向かって大気下層に大量の暖かく湿った空気が流入するとともに，上空に平年よりも気温が低い寒気が流入したため，大気の状態が非常に不安定となっていた．このような大気状態が持続するなか，九州北部にあった地表の温度傾度帯（冷たい空気と暖かく湿った空気の境界）付近で積乱雲が次々と発生した．上空の寒気の影響でそれらが猛烈に発達し，東へ移動することで線状降水帯が形成・維持され，同じ場所に強い雨を継続して降らせた．なお，線状降水帯については，その形成過程も含めて3.5節で詳細に説明する．

温度エマグラムを用いて，5日9時の福岡での高層気象観測結果を図2.7に示す．黒太実線が気温のプロファイル，黒太破線が露点温度のプロファイルであり，図中の右上図は850 hPa気圧面より下層を拡大したものである．図中に

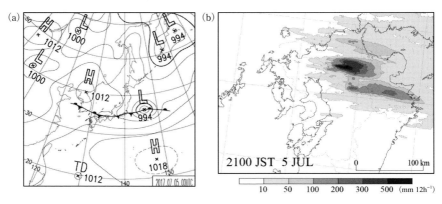

図2.6　(a) 2017年7月5日9時の地上天気図と，(b) 21時までの解析雨量から作成した12時間積算降水量（mm）

は，補助線として，240〜380の数値を左端と600 hPa気圧面付近にそれぞれ付加した，乾燥断熱線と湿潤断熱線，および0.1〜30の数値を付加した等飽和混合比線が記載されている．乾燥断熱線は等温位線であり，付加された数値が線上の1000 hPa気圧面での気温の値と一致していることから温位の値になっていることがわかる．すなわち，乾燥断熱線の補助線を用いて，気温のプロファイルの任意の気圧面の値から温位の値を読み取ることができる．同様に，湿潤断熱線は等飽和相当温位線であり，湿潤断熱線の補助線を用いて，飽和相当温位の値を読み取ることができる．また，等飽和混合比線の補助線を用いると，気温のプロファイルから飽和混合比，露点温度のプロファイルから混合比を読

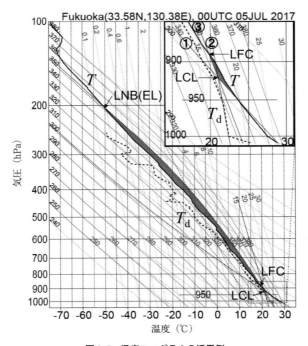

図2.7 温度エマグラムの活用例

2017年7月5日9時の福岡での高層気象観測結果．黒実線は気温 T と黒破線は露点温度 T_d のプロファイルであり，950 hPaの空気塊を持ち上げたときの持ち上げ凝結高度（LCL），自由対流高度（LFC）と浮力がなくなる高度（平衡高度）（LNB(EL)）を図中に示す．また，灰色の領域の面積は対流有効位置エネルギー（CAPE）と対流抑制（CIN）（右上図）を示す．

み取ることができる．等飽和混合比線は左肩上がりになっている．これは，同じ気温なら上空ほど飽和混合比が大きくなり，単位質量あたりの空気に含まれうる水蒸気量が大きくなることを意味している．このことは（2.4）の飽和混合比の定義から，上空ほど気圧が低下する一方，（2.5）から水蒸気圧は気温のみの関数であることから説明できる．

図 2.7 の温度エマグラムでは，600 hPa 気圧面より下層では気温と露点温度との差が小さいので，下層大気はかなり湿っていることがわかる．たとえば，950 hPa の相対湿度は等飽和混合比線の補助線を用いて，気温から飽和混合比が 19.7 g kg^{-1}，露点温度から混合比が 17.3 g kg^{-1} と読み取れるので，その比を取ることで 87.8% と算出できる．また，500 hPa 気圧面付近の気温減率が相対的に大きく，その領域には相対的に冷たい空気が流入していることが推測できる．

この温度エマグラムを用いて周囲の空気との混合がないとして，950 hPa 気圧面の大気下層から断熱的に空気塊を持ち上げることで大気状態の安定性を判断する．気温のプロファイルの 950 hPa 地点（横線が引かれてある高度）から，近傍の乾燥断熱線に平行に図 2.7 の①のように線を引く．同様に露点温度のプロファイルの 950 hPa 地点から近傍の等飽和混合比線に平行に，②のように線を引くと，①との交点である 920 hPa 気圧面付近が LCL になる．なぜなら，空気塊が持つ混合比（このケースでは約 17 g kg^{-1}）も相当温位と同様に保存量であり，空気塊が凝結しない限り，値が変化しないためである．LCL からは近傍の湿潤断熱線に平行に，③のように線を引くと，890 hPa 気圧面付近で気温のプロファイルと交差する．その交点が LFC である．さらに上空では 210 hPa 気圧面付近で再度気温のプロファイルと交差し，その交点が LNB（EL）である．以上から，このエマグラムのデータは，前節で説明した LFC や LNB（EL）が存在して積乱雲が発生できる条件を満たしていることから，潜在不安定な大気状態であることがわかる．

潜在不安定の程度を示す指数には，LFC や LNB（EL）のほかに，対流有効位置エネルギー（convective available potential energy：CAPE）や対流抑制（convective inhibition：CIN）がある．CAPE は LFC から LNB（EL）まで，持ち上げた空気塊のほうが周囲の気温よりも高いことで生じる浮力により得ら

れるエネルギーを積算した指数で，

$$\mathrm{CAPE} = g\int_{\mathrm{LFC}}^{\mathrm{LNB}} \frac{T(z) - \overline{T(z)}}{\overline{T(z)}}\,dz = g\int_{\mathrm{LFC}}^{\mathrm{LNB}} \frac{\theta(z) - \overline{\theta(z)}}{\overline{\theta(z)}}\,dz \qquad (2.21)$$

で定義される．ここで，$\overline{T(z)}$ のように上バーが付加されているものが周囲の気温もしくは温位，付加されていないものが持ち上げた空気塊の気温もしくは温位である．厳密には 2.3.4 項で説明するように，気温もしくは温位ではなく代わりに水蒸気浮力の効果（混合比：q_v）を考慮した仮温度 $T_\mathrm{v} \equiv (1 + 0.61q_\mathrm{v})T$ もしくは仮温位 $\theta_\mathrm{v} \equiv (1 + 0.61q_\mathrm{v})\theta$ を用いて算出する．また，水蒸気浮力の効果については 4.1 節で具体的に説明する．図 2.7 の大気状態から 950 hPa 気圧面の空気塊を持ち上げて算出される CAPE は 1135 J kg^{-1} になる．この値は，暖候期に日本列島で雷をともなうような不安定性降水が発生する多くの事例での CAPE が 2000 J kg^{-1} 以上であること（田口ほか，2002）を考えると，それほど大きな値ではない．線状降水帯が発生する事例では，CAPE が 1000 J kg^{-1} 前後であることが多い（Kato and Goda, 2001；Kato, 2006）．

（2.21）の定義式に，静力学平衡の式（1.7）を代入すると，図 2.7 で示した灰色の領域部分に対応する

$$\mathrm{CAPE} = -R\int_{\mathrm{LFC}}^{\mathrm{LNB}} (T(z) - \overline{T(z)})\,d\ln p \qquad (2.22)$$

が得られる．これは温度エマグラムでは，縦軸の気圧を p の自然対数（$\ln p$）で取ることで，エマグラム上での単位面積が単位質量あたりのエネルギーになることを意味しており，エマグラムの語源となっている．

理想的に CAPE で得たエネルギーがすべて上昇気流の運動エネルギーに変換されるとすると，$\rho w^2/2 = \mathrm{CAPE}$（$w$ は鉛直速度）という関係から，CAPE ＝ 3000 J kg^{-1}（$\rho \sim 1$ kg kg^{-1}）なら，最大上昇気流は 77 m s^{-1} になる．理論的には上昇気流が最大となるのは LNB（EL）であり，その高度を超えて上昇すると周囲の気温のほうが高くなり負の浮力となって上昇気流は小さくなるので，そのうち空気塊の上昇は止まる．このように LNB（EL）を超えて積乱雲が発達することはオーバーシュートとよばれる．実際では周囲の空気との混合があるので，そのような大きな上昇気流にはならないが，気象レーダー観測から 60 m s^{-1} を超えるような上昇気流の存在が推定されている（DiGangi *et al.*,

2016）．オーバーシュートを含め，実際の積乱雲の発達高度に関しては，4.3節で詳しく説明する．

　潜在不安定であっても，LFC まで持ち上げないと積乱雲が発生しないことはすでに説明したとおりである．LFC までは持ち上げる空気塊のほうが周囲の気温よりも低いので，下向きの負の浮力が働く．その負の浮力を持ち上げる地点 z_0 から LFC まで積み上げたのが

$$CIN = -g\int_{z_0}^{LFC} \frac{T(z) - \overline{T(z)}}{T(z)} dz = -g\int_{z_0}^{LFC} \frac{\theta(z) - \overline{\theta(z)}}{\theta(z)} dz \qquad (2.23)$$

である．なお，正値になるようにマイナスを掛けている．CIN が小さいほど容易に LFC まで持ち上げることができるが，LFC が低いと基本的には CIN も小さくなるので，CIN を算出しなくても持ち上げる地点から LFC までの距離で積乱雲の発生のしやすさを議論するほうが容易である．

　気温減率 Γ が湿潤断熱減率 Γ_m よりも大きい条件付き不安定な大気状態にあり，相対湿度が 100% の飽和状態にある成層を Bryan and Fritsch（2000）が湿潤絶対不安定な成層（moist absolutely unstable layer：MAUL）と名付けた．この不安定な成層が維持されれば，空気塊はすでに LFC に達しているので，湿潤対流が瞬時発生し持続することになる．空気塊は湿潤断熱線に沿って上昇して Γ_m で温度が低下する一方，周囲は Γ で気温が低下しているので，空気塊は浮力を得るためである．ただ，そのような成層は日本でも大雨が観測された事例（北畠，2002；Takemi and Unuma, 2020）でみられ，湿潤対流が発生した結果として湿潤断熱減率に近い成層状態をとらえているのか，大雨の発生要因としてその発生環境場と判断してよいのかは事例ごとに深く議論する必要がある．

2.3.3 ┃ 温位エマグラム

　平成 29 年 7 月九州北部豪雨の事例（5 日 9 時の福岡での高層気象観測結果）について，温度エマグラムではなく，温位エマグラムを用いて不安定な大気状態を診断してみる．温位エマグラムには図 2.8 のように飽和相当温位 $\theta_e{}^*$（右側の灰細線）に加えて，温位 θ（黒実線），相当温位 θ_e（灰破線）のプロファイルが描画されている．図中には，混合比 q_v（黒破線）のプロファイルも描かれ

ている．混合比の値は，0.1～25 の数値が付加されている補助線（等飽和混合
比線）から読み取れ，同補助線を用いて温位のプロファイルから飽和混合比を
読み取るとその比から相対湿度を算出することができる．また，相当温位は相
対湿度が 0% になると温位に，100% になると飽和相当温位になるので，相当
温位が温位と飽和相当温位の間のどの位置にあるかで相対湿度がおおむね把握
できる．たとえば図 2.8 では，600 hPa 気圧面より下層では相対湿度は 90% 以
上で，300 hPa 気圧面付近では相対湿度は 50% 未満になっていることが容易に
わかる．

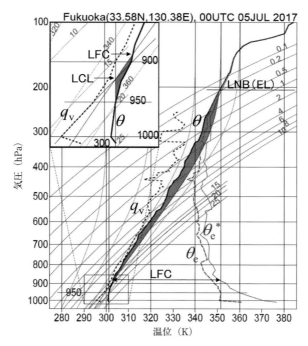

図 2.8　温位エマグラムの活用例
　2017 年 7 月 5 日 9 時の福岡での高層気象観測結果．黒実線は温
位 θ，右側の灰細線は飽和相当温位 $\theta_e{}^*$，灰破線は相当温位 θ_e およ
び黒破線は q_v のプロファイルであり，950 hPa の空気塊を持ち上
げたときの持ち上げ凝結高度（LCL），自由対流高度（LFC）と浮
力がなくなる高度（平衡高度）（LNB(EL)）を図中に示す．また，
灰色の領域の面積は対流有効位置エネルギー（CAPE）と対流抑制
（CIN）（左上図）を示す．

950 hPa 気圧面から周囲の空気と混合しないように空気塊を断熱的に持ち上げた場合の LFC や LNB（EL）は，相当温位が保存量であることから，持ち上げ始める高度の相当温位の値（352 K）を用いて，図のように単に縦に直線を引くだけで容易に見出すことができる．飽和相当温位のプロファイルと最初に交差する高度が LFC で，次に交差する高度が LNB（EL）になる．ただ LCL だけは簡単に見出すことはできない．見出す方法は，凝結するまでは温位が保存するので，図中の左上図で示したように持ち上げ始める高度から温位一定の直線（乾燥断熱線に対応）を引く．持ち上げ始める高度の混合比の地点から近傍の等飽和混合比に平行に線を引くと，温位一定の直線と交差する．その交点が LCL になる．温位エマグラムには湿潤断熱線も補助線（数値が付加されていない曲線）として描画されているので，温度エマグラムと同様に，湿潤断熱線に沿って持ち上げても LFC や LNB（EL）を見出すことができる．また，湿潤断熱線の補助線に付加される値は高い高度で漸近する温位の値（一番右側の補助線の値は 360）であり，その値を用いると，温位の値から飽和相当温位の値も読み取ることができる．

　通常の不安定な大気状態を説明する潜在不安定は，LFC が存在することで判断できるので，持ち上げる空気塊の相当温位を θ_{eo} とすると，

$$\theta_e{}^* < \theta_{eo} \tag{2.24}$$

を満たす飽和相当温位を持つ空気が上空に存在していることが条件となる．また，空気塊でなく，ある厚みのある層が全体的に上昇し，不安定が顕在化する可能性がある場合を対流不安定とよび，上空ほど相当温位が低い状態：

$$\theta_e < \theta_{eo} \tag{2.25}$$

が対流不安定の条件になる．相当温位は飽和相当温位よりも必ず小さい値を取るので，

$$\theta_e < \theta_e{}^* < \theta_{eo} \tag{2.26}$$

という関係があり，潜在不安定なら必ず対流不安定な大気状態であることになる．なお，通常積乱雲が発生するときは，対流不安定が顕在化する前に，潜在不安定が顕在化することがほとんどである．たとえば前線面上をある厚みを持つ空気塊の層（気層）が持ち上げられることはあるが，大気下層から上空まで一様に上昇することはない．ただし，前線面上の持ち上げられた上空の空気塊

は断熱冷却で低温化（4.3節参照）し，その結果として潜在不安定が顕在化または強化されることはある．以上から，大雨を議論する際には対流不安定による積乱雲のような背の高い湿潤対流の発生を考えるのはあまり適切ではない．なお，2.4節で説明する高積雲の発生の要因の1つとして対流不安定が考えられる．

　ここで，対流不安定が顕在化して，湿潤対流が発生する絶対不安定な大気状態に移行する過程について図2.9を用いて説明する．図中の AB 間の Γ が乾燥断熱減率 Γ_{d} よりも小さい（$\Gamma<\Gamma_{\mathrm{d}}$）気層を同じ大きさの上昇気流で持ち上げるとする．また，B地点の相当温位は A 地点よりも高く，AB 間は対流不安定な成層をしているとし，簡単のために A 地点の空気塊は非常に乾燥していて，B地点の空気塊の相対湿度は 100% であるとする．A 地点の空気塊はかなり持ち上げられるまで凝結することがないので，しばらくは乾燥断熱線に沿って気温は低下する．一方，B地点の空気塊は飽和しているので，湿潤断熱線に沿って気温は低下する．図中の乾燥断熱線と湿潤断熱線が交差する高度まで AB 間の気層を Δz 持ち上げると，A′B′ 間に移動した気層の Γ は Γ_{d} となり，さらに Δz を超えて持ち上げられると，A″B″ 間の気層は絶対不安定な大気状態（$\Gamma>\Gamma_{\mathrm{d}}$）になる．ただ，持ち上げられた気層だけが絶対不安定な状態となるので，対流不安定が顕在化しても積乱雲のような背の高い湿潤対流は発生できない．

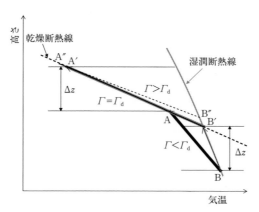

図 2.9　対流不安定が顕在化して，湿潤対流が発生する　　　絶対不安定な大気状態に移行する過程
Γ は気温減率，Γ_{d} は乾燥断熱減率．

　どの高度の空気塊を持ち上げても，飽和相当温位のプロファイルが上空に向かって単調に増加していると，(2.24) の関係から LFC は存在しえない．このような大気状態は (2.13) で気温減率と湿潤断熱減率の関係から定義した絶対安定を示す．絶対不安定は温位のプロファイルが上空に向かって減少している場合である．具体的には，温位のプロファイルの傾きが負になっている部分があれば，絶対不安定と判断できる．このように潜在不安定だけでなく，絶対安定や絶対不安定についても温位エマグラムを用いることで，容易に診断することができる．(2.13) の湿潤大気の安定度は，持ち上げる空気塊の温位 θ_{o} と相当温位 θ_{eo} に対する上空の温位 θ と飽和相当温位 θ_{e}^{*} の関係から

$$\left.\begin{array}{l} \theta_{\mathrm{e}}^{*}>\theta_{\mathrm{eo}}：絶対安定 \\[4pt] \theta_{\mathrm{e}}^{*}<\theta_{\mathrm{eo}}：条件付き不安定（潜在不安定） \\[4pt] \theta<\theta_{\mathrm{o}}：絶対不安定 \end{array}\right\} \tag{2.27}$$

のように定義することもできる．

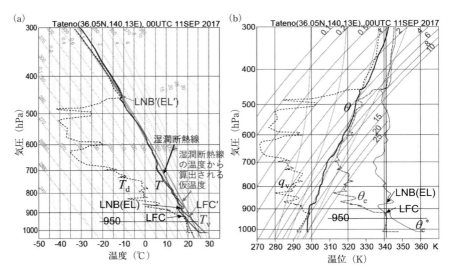

図 2.10　2017 年 9 月 11 日 9 時の茨城県つくば市での高層気象観測による (a) 温度エマグラムと，(b) 温位エマグラム
　950 hPa の空気塊を持ち上げたときの自由対流高度（LFC）と浮力がなくなる高度（平衡高度）（LNB (EL)）を図中に示す．また，(a) には仮温度を用いて見出される LFC′ と LNB′(EL′) も示す．

温位エマグラムでは縦軸の気圧をエクスナー関数：

$$\Pi = \left(\frac{p}{p_0}\right)^{\frac{R_d}{C_p}} \tag{2.28}$$

で取ることで，図 2.8 のように LNB と LFC 間の灰色の領域部分で示される面積，すなわち CAPE は

$$\text{CAPE} = -C_p \int_{\text{LFC}}^{\text{LNB}} (\theta(z) - \overline{\theta(z)}) d\Pi \tag{2.29}$$

と記述することができ，温位エマグラム上の単位面積が単位質量あたりのエネルギーとなる．このように，温度エマグラムと温位エマグラムでは縦軸の気圧の取り方が違うので，図 2.10 のように横に並べて表示させると，等気圧面の横軸の位置が異なることになる．

2.3.4 ▎仮温度での不安定度の評価

厳密な CAPE の算出では，水蒸気浮力の効果を考慮した仮温度または仮温位を用いることを 2.3.2 項で述べた．これは，乾燥大気と水蒸気の混合気体である湿潤大気の密度 ρ：

$$\rho = \rho_d + \rho_v \tag{2.30}$$

から 1.3 節で説明した浮力を見積もる必要があるためである．ここで，ρ_d と ρ_v はそれぞれ乾燥大気と水蒸気の密度である．（2.30）の関係と水蒸気の状態方程式（2.2）および水蒸気分圧を除いた乾燥大気の状態方程式（2.3）から

$$p = (\rho_d R_d + \rho_v R_v) T = \rho R_d \frac{1 + q_v/\varepsilon}{1 + q_v} T \approx \rho R_d (1 + 0.61 q_v) T \equiv \rho R_d T_v \tag{2.31}$$

が得られ，(1.3′) で与えられた乾燥大気の状態方程式の温度 T を仮温度 T_v（$\equiv (1 + 0.61 q_v) T$）で置き換えたものになる．したがって，T の代わりに T_v で議論すれば，水蒸気浮力を考慮した厳密な湿潤大気の不安定度を議論することができる．温位についても，同様に温位の定義式（1.4）に T_v を代入すると，仮温位 θ_v（$\equiv (1 + 0.61 q_v)\theta$）が定義できる．

ここで，大気の不安定度を議論する際にエマグラムを用いる場合で注意しなくてはならない事例を紹介する．エマグラムを用いた議論では，持ち上げる空気塊の水蒸気は考慮されているが，上空の大気の水蒸気はまったく考えられていない．すなわち，持ち上げた空気塊は LCL に達した後では飽和状態にある

一方，上空の大気は非常に乾燥している場合があり，その場合は $T_v \sim T$ となる．具体的に T と T_v の差は，大雨時よくみられる $q_v \sim 0.02\,\mathrm{kg\,kg^{-1}}$，$T \sim 300\,\mathrm{K}$ とすると，$T_v \sim 303.7\,\mathrm{K}$ となり，4 K 程度に達することがある．この差によって，T_v を用いて議論した場合では，CAPE の値が異なるだけでなく，LFC や LNB（EL）がかなり異なる高度に見出されることがある．

　図 2.10(b) は 2017 年 9 月 11 日 9 時の舘野（茨城県つくば市）の高層気象観測の結果を温位エマグラムとしたものである．前項で説明したように周囲の空気との混合がない場合，相当温位 θ_e が保存することから，$\theta_e = 341.2\,\mathrm{K}$ を持つ 950 hPa 気圧面の空気塊を持ち上げたときの LFC と LNB（EL）は飽和相当温位 $\theta_e{}^*$ のプロファイルの交点として，それぞれ 920 hPa 気圧面付近と 870 hPa 気圧面付近に見出される．温度エマグラム（図 2.10(a)）でも，それらは気温のプロファイル（黒太線）と 341.2 K に対応する湿潤断熱線（黒細線）との交点として同高度に見出すことができる．ところが，厳密には T_v のプロファイル（灰太線）と湿潤断熱線の温度から算出される T_v（灰細線）を用いて見出すと，LFC′ にはほとんど差はないが，LNB′（EL′）は 450 hPa 気圧面付近になる．810～870 hPa 気圧面間では相対湿度 50% 前後と乾燥しているために，気温のプロファイル（黒太線）から算出される T_v のプロファイル（灰太線）は 1℃ 弱高くなっているだけだが，持ち上げた空気塊の温度（湿潤断熱線上の温度，黒細曲線）からは 2℃ 程度高い T_v（灰細曲線）が算出される．このため，T_v のプロファイルよりも，持ち上げた空気塊の T_v のほうがより高くなるためにその空気塊は正の浮力を持ち続けることができ，LNB′（EL′）はより高い高度に見出される．

　なお，上記の事例のような場合では，上空が乾燥しているので，実際には周囲の空気との混合が起こり，雲や雨滴の蒸発により浮力が奪われて湿潤対流は発達できなくなる．詳細は 4.3 節で説明する．

2.4 ┃ エマグラムの見方と応用

　前節では，温度エマグラムと温位エマグラムを用いて，下層大気の空気塊を持ち上げることで，大気状態の安定性，すなわち積乱雲が発生するための条件

について説明した．ここでは，エマグラムから読み取れる情報や応用例について紹介する．

2.4.1 ▌積乱雲の発生・発達のしやすさ

前節の復習も兼ねて，下層大気の空気塊を持ち上げて大気状態の安定性を判断する際の温度エマグラムと温位エマグラムとの関係を図 2.11 に示す．ただし，LFC などの情報を一致させるために縦軸を気圧（正確には $\ln p$ または (2.28) のエクスナー関数 Π）ではなく，高度としているので，厳密にはエマグラムではない（図上での単位面積が単位エネルギーに対応しない）．また，横軸は温度または温位であり，温度エマグラムと温位エマグラムが分離して表示できるようにしている．温度エマグラム上の湿潤断熱線は等飽和相当温位線であり，これは相当温位の定義（2.2.2 項参照）から理解できる．この湿潤断熱線を図中の横矢印①のように温位エマグラムの該当する相当温位の値の縦線とするように，温度のプロファイルを横軸方向に追従させたものが飽和相当温位のプロ

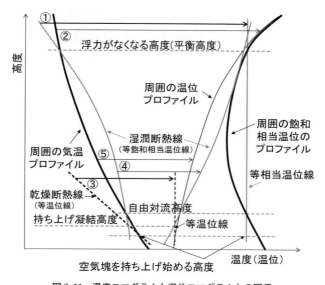

図 2.11 温度エマグラムと温位エマグラムとの関係

ここでは，鉛直座標は高度（m）で示しているので，厳密にはエマグラムにはなっていない．

ファイルになる（横矢印②）．同様に，横矢印③で示した等温位線である乾燥
断熱線を温位エマグラム上の温位の値の縦線とするように，温度のプロファイ
ルと湿潤断熱線を横軸方向に追従させたものが温位のプロファイルと温位エマ
グラム上の湿潤断熱線（温位から読み取れる等飽和相当温位の補助線）になる
（横矢印④と⑤）．これらの追従によっても，温度のプロファイルと持ち上げた
空気塊がたどる湿潤断熱線との交差点，または飽和相当温位のプロファイルと
持ち上げる空気塊の等相当温位線との交差点の高度として見出される LFC と
LNB（EL）が合致することもわかる．

　潜在不安定である積乱雲発生の可能性を判断するためには，温度エマグラム
では，空気塊を持ち上げ始める高度から LCL まで乾燥断熱線に沿って，その
後は湿潤断熱線に沿って持ち上げて，LFC の存在をチェックする必要がある．
そのチェックにはかなりの手作業が発生し，容易に積乱雲発生の可能性を判断
することはできない．一方，温位エマグラムを用いると，相当温位が保存量で
あることから，持ち上げる空気塊の相当温位の値がわかれば，その相当温位の
値が持ち上げる高度より上空の飽和相当温位のプロファイルに存在するかどう
かで積乱雲発生の可能性を容易に判断できる．図 2.11 の右側のように，縦に
直線である等相当温位線に沿って持ち上げられるので，最初に交差する点の高
度が LFC，その次の交差点の高度が LNB（EL）になる．LFC が存在すれば積
乱雲が発生する可能性がある．それだけではなく温位エマグラムをみてわかる
ように，持ち上げる空気塊の相当温位が高ければ高いほど，LFC が低下して
積乱雲が発生しやすく，LNB（EL）も高くなるので，積乱雲は高い高度まで発
達しやすくなる．逆に，相当温位が低くなれば，LFC が高くなり，LNB（EL）
が下がるので，積乱雲は発生・発達しづらくなる．また，飽和相当温位のプロ
ファイル上の最小値よりも大気下層の相当温位が低ければ，積乱雲が発生する
ことはなく，大気状態は安定していることがわかる．

　このように温位エマグラムを用いると容易に積乱雲発生の可能性を判断でき
るのである．繰り返しになるが，積乱雲の発生条件は LFC が存在することで，
そのためには下層の空気塊の相当温位が高いことが必要となる．この発生条件
は必要条件であり，十分条件でないので，下層の空気塊を LFC まで持ち上げ
てくれる外部強制力（前線に伴う下層収束場や山岳による強制上昇など）の存

在を別途チェックする必要がある．

　積乱雲のような背の高い湿潤対流の発生・発達を診断するには，空気塊を持ち上げ始める高度として，850 hPa 気圧面より下層で最大の相当温位を持つ高度が適しているが，地上付近は加熱により極端に相当温位が高くなることがあるので避けるべきである．4.2 節で説明する大雨をもたらす下層水蒸気場を代表する高度としては 500 m 高度を推奨している（Kato, 2018）ので，大雨の可能性を議論したいならば，950 hPa 気圧面付近から持ち上げることを推奨する．

2.4.2 ▍ 上空への寒気流入による不安定化

　ここではまず，下層がある程度乾燥している場合の大気状態の安定度を考える．空気塊の持つ水蒸気量が少ないので，相対湿度 100% になるには，空気塊を乾燥断熱線に沿ってかなり高い高度まで持ち上げる必要がある．そこで雲ができて，空気塊を湿潤断熱線に沿って持ち上げても，図 2.12 のように太実線で示されている周囲の気温プロファイルとは交差することはない．すなわち，下層がある程度乾燥している場合は，雲ができる高度が高くなり，持ち上げた空気塊が周囲の気温よりも高くなることができなく，積乱雲が発生できないことを示唆している．このような場合は，「大気状態は安定している」ということになる．言い換えると，「LFC が存在しない」＝「大気状態は安定している」

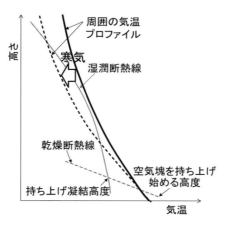

図 2.12　上空への寒気流入による不安定化の概念図

＝「積乱雲は発生しない」という関係にある．これを温位エマグラムで考えると，飽和相当温位のプロファイルの最小値よりも持ち上げる空気塊の相当温位が低い場合にあたる．

　次に，下層がある程度乾燥しているなど，大気状態が安定しているときに，上空に寒気が流入した場合を考える．下層の周囲の気温プロファイルに変化はないが，上空の気温プロファイルは気温が下がることで，図 2.12 の白抜き矢印で示した太実線から太破線への変化のように左側に傾くように変化する．その結果，上空が低温になることで，持ち上げた空気塊が周囲の気温よりも高くなることができ，積乱雲が発生できるようになる．繰り返しになるが，発生できるとしたのは，必ず積乱雲が発生するわけではないからである．このような変化は，「上空に寒気が流入し，大気状態は不安定になるでしょう」という天気予報での解説の本質を説明している．

2.4.3 ┃ 安定・不安定な大気状態で発生する雲

　大気中には，さまざまな形状の雲が発生している．その代表的な分類が十種雲形であり，大気下層には層雲（stratus），層積雲（stratocumulus），積雲（cumulus），乱層雲（nimbostratus），大気中層には高層雲（altostratus），高積雲（altocumulus），大気上層には巻雲（cirrus），巻層雲（cirrostratus），巻積雲（cirrocumulus），大気下層から上層に貫くように積乱雲（cumulonimbus）が出現する．図 2.13 には，それぞれの雲が出現する代表的な高度を示していて，大気中層には「高」，大気上層には「巻」という漢字が頭に付いている．なお，乱層雲は高度 2 km 以上でも出現するので，大気下層ではなく，大気中層に現れると説明されることもある．雲の名称には巻雲を除き，「層」と「積」という漢字が使われており，「層」が付いている雲は大気状態が安定な場合に空気塊が等温位面上を上昇することで水蒸気が凝結することで生じる雲であり，「積」が付いている雲は不安定な大気状態の場合に発生する湿潤対流によって生じる雲であることを意味している．乱層雲を代表とする安定な大気状態で生じた雨雲からの降水は層状性降水，積乱雲を代表とする不安定な大気状態で生じた雨雲からの降水は対流性降水とよばれる．なお，大気下層と中層で風速差があると，中層で積乱雲から周辺に雨雲が流出し，層状性降水を作り出すこ

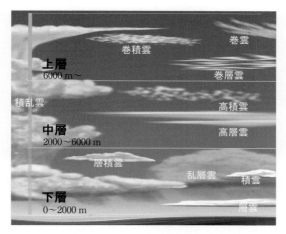

図 2.13　十種雲形とそれぞれの雲が発生する代表的な高度
https://public.wmo.int/en/WorldMetDay2017/classifying-clouds

とがある（Biggerstaff and Houze, 1993）．また，雨量強度が一様で地域的にも降り方に偏りの少ない雨のことを地雨とよび，層状性降水によってもたらされる．

「層」と「積」がともに付いている雲が層積雲であり，大気下層に存在して上空ほど気温が高くなっている逆転層の下部によくみられる．逆転層内では，飽和相当温位が上空ほど大きくなっている絶対安定な大気状態になっている．そのため，LFC に大気下層の空気塊が持ち上げられても，逆転層で LNB（EL）に達してしまい，背の高い雲に発達できない．図 2.14(a) は気象衛星ひまわりの可視画像であり，茨城県内に層積雲が広がっていたときのものである．そのときの高層気象観測結果を示した温度エマグラム（図 2.14(b)）には，850 hPa 気圧面付近に顕著な逆転層がみられる．950 hPa 気圧面から空気塊を持ち上げたときの LNB（EL）を見積もると，逆転層内に位置する 849 hPa となる．また層積雲は，山岳波にともなう上昇気流上部に生じるレンズ雲や風下山岳波にともなう波状雲（衛星可視画像でみられた例：図 2.14(c)）などとして認識されることがある．波状雲が観測されるときも，その上空にはよく逆転層がみられる（図 2.14(d)）．ただ，山岳波は安定成層中に発生する現象であり，それにともなって出現する層積雲は層雲と同様に温位面に沿って水蒸気が凝結

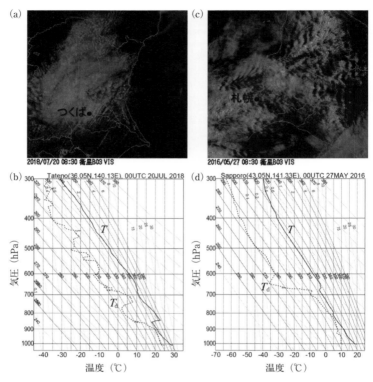

図 2.14　(a) 2018 年 7 月 20 日 8 時 30 分の衛星可視画像，(b) 同 9 時の茨城県つく
　　　　ば市での高層気象観測による温度エマグラム，(c) 2016 年 5 月 27 日 8 時
　　　　30 分の衛星可視画像，および (d) 同 9 時の札幌での高層気象観測による温
　　　　度エマグラム

したものであり，対流によるものではない．山岳波は山を越えるときに生じる
内部重力波であり，その特徴は加藤（2017）に詳しく述べられている．
　積雲は，積乱雲に代表される LFC に達して浮力を得ることで発生・発達す
る湿潤対流にともなう雲とは異なり，日射によって作り出される地表面付近の
絶対不安定を解消するために発生する乾燥対流にともなって，水蒸気が凝結す
ることで作り出される．そのため，大気境界層上部に浮かぶように観測される
背の低い雲である．大気境界層は乾燥対流によって作り出される温位がほぼ一
定の層で，地上から高度 2 km 以上に発達することがある．その発達メカニズ
ムについては 4.1 節で説明する．また，積雲より上空まで発達したものは特に

雄大積雲とよばれる．これは，大気状態が不安定のなか，大気下層から持ち上げられた空気塊が LFC に達して浮力を得たが，その上空が乾燥している場合に，発達途上の雲が蒸発することで浮力を失って積乱雲として発達できないときに出現する．なお雄大積雲になると，降水が作られて地上に達することがある．また，雄大積雲が繰り返し発生することで上空が湿潤化し，雄大積雲から積乱雲へと発達することもある．積乱雲の発達における上空の乾燥空気の影響については 4.3 節で詳しく説明する．

　雲をともなう湿潤対流は上記の要因だけでなく，雲の上端が長波放射によって冷却されることで絶対不安定な大気状態となって発生することもあり，細胞状や列状の雲としてよく観測される．このような要因で発生する雲としては，高積雲や巻積雲があげられ，層積雲も同様の要因で発生するものもある．また，高積雲は上空の気圧の谷（トラフ）前面での上昇気流場で大気中層の気層が持ち上げられて対流不安定が顕在化することで出現する場合もある．なお，上昇気流場は総観スケールによる数 cm s^{-1}（1 時間で数百 m）程度のもので，積乱雲にともなう数 m s^{-1} を超えるような大きなものではない．

2.4.4 ▮ 観測された雨雲と温位エマグラムとの関係

　ここでは，平成 30 年 7 月豪雨時に梅雨前線付近にみられた雲と，高層気象観測結果を示した温位エマグラムによる大気状態との関係をみてみる．図 2.15 は 2018 年 7 月 6 日 9 時の地上天気図である．梅雨前線が九州北部から中国地

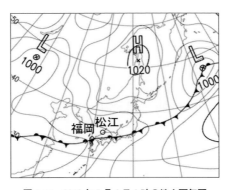

図 2.15　2018 年 7 月 6 日 9 時の地上天気図

方を縦断して，ほぼ東西に停滞している．この梅雨前線付近で観測された福岡とその北側で観測された松江での温位エマグラムと気象レーダーで観測された雨雲との関係を示す．

　図2.16(a) は6日9時の気象レーダーによる降水強度分布である．梅雨前線が横切っている九州北部ではところにより，$32\ \mathrm{mm\ h^{-1}}$ を超える強い降水がみられる一方，梅雨前線の北側にあたる中国地方北部には $10\ \mathrm{mm\ h^{-1}}$ 程度の降水域が広がっている．その九州北部から中国地方北部にかけての南西（SW）－北東（NE）方向のレーダー反射強度の鉛直断面図を図2.16(b) に示す．レーダー反射強度は雲のなかに含まれる降水粒子（雨，雪，あられ，ひょう）の数が多いほど，また粒子が大きいほど強くなる．すなわち，レーダー反射強度が強いほど，降水強度が大きいことを示す．この関係は Z-R 関係とよばれ，そ

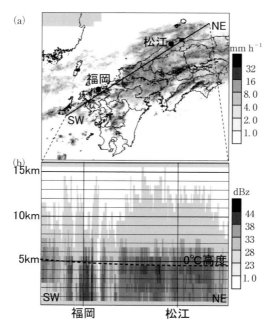

図2.16　2018年7月6日9時の (a) 気象レーダーによる降水強度分布（mm h⁻¹）と，(b) (a) の線分 SW-NE 上のレーダー反射強度の鉛直断面図（dBz）
破線は気象庁メソ解析から推定される0℃高度を示す．

れを用いて降水強度を推定することができる．レーダー反射強度の鉛直断面図
には，梅雨前線付近の九州北部では，地上付近から高度7〜8 km まで連続して，
強い降水強度の領域がみられる．この領域は発達した積乱雲からの強い降水を
示唆している．その一方，中国地方北部では降水は地上付近まで達しているが，
強いレーダー反射強度域は4 km 付近に極大を持って偏在してみられる．この
4 km 付近は気温が0℃である高度よりやや下部にあたり，雪などの氷相の降
水粒子が落下中，その粒子の周囲から融解することで，降水粒子の大きさが一
時的に大きくなり，レーダー反射強度が大きくなる．このように降水粒子が融
解する領域（融解層）ではレーダー反射強度が大きくなり，その領域はブライ
トバンドとよばれ，層状性降水が卓越していることを示唆している．

　発達した積乱雲が観測された九州北部での温位エマグラムから大気の状態を
考察する．図2.17(a) は6日9時の福岡での高層気象観測結果であり，福岡
は積乱雲からの強い降水が観測されたやや北側に位置している．相当温位と飽
和相当温位の値の差が小さいことから，地上から上空までかなり湿っているこ
とがわかる．相当温位の値は345〜350 K であり，鉛直方向に変化が小さい．
これらは，積乱雲の発生・発達にともなって大気下層から大量の水蒸気を持っ

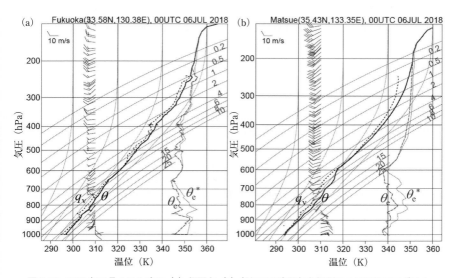

図2.17 2018年7月6日9時の (a) 福岡と (b) 松江での高層気象観測による温位エマグラム

た空気塊が上空に運ばれることで，上空を湿らせるとともに，不安定な大気状態がある程度緩和された結果である．すなわち，相当温位のプロファイルが鉛直方向にあまり変化していない場合は，積乱雲が発生・発達しているまたは発生していたことを示唆している．このケースでは大気下層から上層までの全層で相当温位の変化が小さいが，大気中層のある気層（高度差 1〜2 km）だけで相対湿度が高く，相当温位の変化が小さい場合がある．そのような場合では，ラジオゾンデは高積雲中の大気状態を観測していたことが考えられる．

　次に，層状性降水が卓越していた中国地方北部での温位エマグラムから大気の状態を考察する．図 2.17(b) は 6 日 9 時の松江での高層気象観測結果であり，松江は梅雨前線から約 100 km 北側に位置している（図 2.15）．福岡と同様に，大気下層から上層までかなり湿っていることがわかる．相当温位プロファイルでは，地上から 600 hPa までの変化は小さいが，それより上空では飽和相当温位のプロファイルは高度とともに単調に増加していて，絶対安定な大気状態になっている．特に 500〜400 hPa では相対湿度がほぼ 100% なので，ラジオゾンデは安定な大気状態で出現する乱層雲中を飛揚していたことが考えられる．この乱層雲は，西南西から流入した空気塊が 320 K 前後の等温位面上を上昇して形成したものだと考えられる．また，800 hPa より下層にも飽和相当温位のプロファイルが上空ほど単調増加しているが，これは梅雨前線の北側に矢羽で示されている東北東からの相対的に低温な空気の流れが作り出している．

　このように，観測される雨雲と温位エマグラムで表示される相当温位と飽和相当温位のプロファイルとの関係を理解することで，温位エマグラムをみれば，出現する雲を推定することができ，逆に観測された雨雲から相当温位と飽和相当温位のプロファイルといった大気状態を推定できるようになる．

文　献

[1] 阿部豊雄，2015：気象庁における高層気象観測の変遷と観測値の特性第 1 部高層気象観測の変遷．天気，**62**，161-185.

[2] Biggerstaff, M. I. and R. A. Houze Jr., 1993：Kinematic and microphysics of the transition zone of the 10-11 June 1985 squall line. *J. Atom. Sci.*, **50**, 3091-3109.

[3] Bolton, D., 1980：The computation of equivalent potential temperature. *Mon. Wea. Rev.*, **108**, 1046-1053.

[4] Bryan, G. H. and J. M. Fritsch, 2000 : Moist Absolute Instability : The Sixth Static Stability State. *Bull. Amer. Meteor. Soc.*, **81**, 1207-1230.

[5] DiGangi, E. A., D. R. MacGorman, C. L. Ziegler, D. Betten, M. Biggerstaff, M. Bowlan and C. K. Potvin, 2016 : An overview of the 29 May 2012 Kingfisher supercell during DC3. *J. Geophys. Res. Atmos.*, **121**, 316-343. https://doi.org/10.1002/2016JD025690.

[6] Kato, T., 2006 : Structure of the band-shaped precipitation system inducing the heavy rainfall observed over northern Kyushu, Japan on 29 June 1999. *J. Meteor. Soc. Japan*, **84**, 129-153.

[7] 加藤輝之, 2017 : 図解説中小規模気象学, 気象庁, 316pp. http://www.jma.go.jp/jma/kishou/know/expert/pdf/textbook_meso_v2.1.pdf.

[8] Kato, T., 2018 : Representative height of the low-level water vapor field for examining the initiation of moist convection leading to heavy rainfall in East Asia. *J. Meteor. Soc. Japan*, **96**, 69-83.

[9] Kato, T. and H. Goda, 2001 : Formation and maintenance processes of a stationary band-shaped heavy rainfall observed in Niigata on 4 August 1998. *J. Meteor. Soc. Japan*, **79**, 899-924.

[10] 気象研究所, 2017 : 平成 29 年 7 月 5-6 日の福岡県・大分県での大雨の発生要因について. http://www.jma.go.jp/jma/press/1707/14 b/press_20170705-06_fukuoka-oita_heavyrainfall.pdf.

[11] 北畠尚子, 2002 : 2000 年 9 月 11-12 日の東海地方の豪雨に対する対流不安定と前線強化に伴う循環の役割. 気象研究所研究報告, **53**, 91-108.

[12] 田口晶彦, 奥山和彦, 小倉義光, 2002 : SAFIR で観測した夏期の関東地方における雷雨と大気環境 II : 安定度数による雷雨日の予測. 天気, **49**, 649-659.

[13] Takemi, T. and T. Unuma, 2020 : Environmental factors for the development of heavy rainfall in the eastern part of Japan during Typhoon Hagibis (2019). *SOLA*, **16**, 30-36.

[14] 吉﨑正憲, 加藤輝之, 2007 : 豪雨・豪雪の気象学 (応用気象学シリーズ 4), 朝倉書店, 187pp.

CHAPTER 3

集中豪雨と局地的大雨

3.1 | スケールによる気象擾乱の分類

　大気中の現象は，1000 km を超えるマクロスケール（macro scale）から1 km 未満のマイクロ（またはミクロ）スケール（micro scale）まで大小さまざまな水平スケールを持つ（図 3.1(a)）．マクロスケールの現象は，貿易風や偏西風のような地球規模の惑星スケールと天気図上に解析されている高気圧や低気圧といった数千 km の総観スケールの気象擾乱に分類される．代表的なマイクロスケールの現象には，数十 m から数百 m の水平スケールを持つ竜巻やダウンバースト，数 cm から数 m のスケールを持つ乱流の渦，1 cm 未満の雨粒，

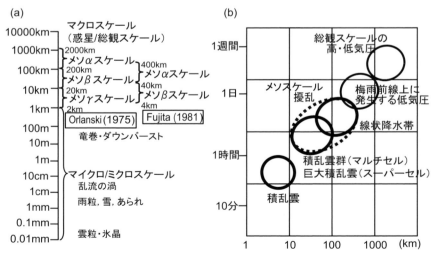

図 3.1　(a) 水平スケールによる大気現象の分類と，(b) 大雨にかかわる気象擾乱における水平スケールと時間スケールとの関係

雪やあられ，さらに 0.1 mm 未満の非常に小さいスケールを持つ雲粒や氷晶がある．そのなかで，集中豪雨をもたらす気象擾乱はマクロスケールとマイクロスケールの中間（meso）という意味合いでメソスケール（meso scale）に分類され，そのスケールを持つ現象はメソ気象とよばれる．また，メソ気象は中小規模擾乱ともよばれる．

　メソスケールについては，Orlanski（1975）が 200～2000 km をメソ α スケール，20～200 km をメソ β スケール，2～20 km をメソ γ スケールに細分類している一方，Fujita（1981）は 40～400 km をメソ α スケール，4～40 km をメソ β スケールと異なる定義をしている．メソ気象の水平スケールを具体的に示すと，積乱雲が 5～15 km 程度，複数の積乱雲が組織化された積乱雲群（マルチセル型ストーム，3.3.2 項）が 20～100 km 程度，線状降水帯（3.5 節参照）が 50～300 km 程度である．また，単体の巨大積乱雲であるスーパーセル型ストームはかなとこ雲も含めると 100 km 近くのスケールを持つものもある．積乱雲は Orlanski（1975）ではメソ γ スケール，Fujita（1981）ではメソ β スケールに分類され，それぞれの定義に従って積乱雲群や線状降水帯は事例によって異なるメソスケールに細分類されることがある．このように定義に従ってメソ気象を水平スケールで細分類することは可能だが，無理に細分類する必然性はなく，それよりも現象を正しく理解することが重要である．また，積乱雲群や線状降水帯など複数の積乱雲が組織化したメソ気象をまとめて，メソスケール擾乱とよぶこともある．

　メソスケールから総観スケールまでの気象擾乱における水平スケールと時間スケールの関係は，図 3.1(b) のように，水平スケールが大きくなるほど，時間スケールも長くなる．典型的な時間スケールとしては，積乱雲が 30 分～1時間，積乱雲群やスーパーセル型ストームが 1 時間弱から 3 時間程度を持ち，線状降水帯では 3 時間を超える事例もある．Orlanski（1975）の定義に従うメソ α スケールの擾乱には，梅雨前線上に発生する低気圧やメソ対流複合体（mesoscale convective complex）などがある．メソ対流複合体は気象衛星の赤外画像で，雲頂輝度温度が $-52℃$ 以下の領域が 10 万 km^2 以上，かつ $-32℃$ 以下の領域が 50 万 km^2 以上であるなどの条件を満たす積乱雲群である（Maddox，1980）．このようなメソ対流複合体は米国中西部や梅雨期の中国大陸上でよく

観測される．また，メソスケールよりも大きい総観スケールの高気圧や低気圧は数日から1週間程度の時間スケールを持つ．

　水平スケールによって現象のみえ方に違いがあることを，700 hPa 気圧面の上昇速度分布からみてみる．図3.2は水平解像度5 kmの気象庁メソ解析から作成したもので，2014年台風第8号にともなって沖縄本島で線状降水帯による大雨が発生した事例である（口絵1(a) 参照）．図3.2(a) は水平解像度5 km オリジナルの分布図で，(b)～(d) はそれぞれ100 km，200 km，400 km水平スケールで平均したものである．オリジナルの分布図には，沖縄本島付近

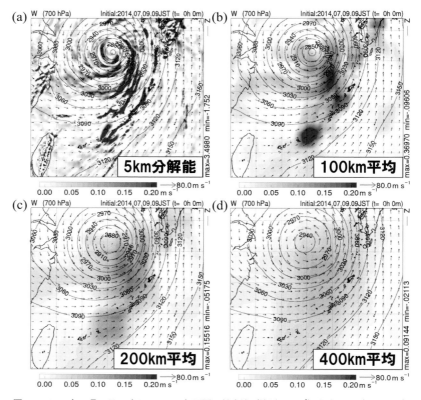

図3.2　2014年7月9日9時の700 hPa 気圧面の鉛直流（陰影，m s⁻¹）と水平風（ベクトル）の分布図
　　(a) 気象庁メソ解析（5 km分解能）から作成．(a) を (b) 100 km，(c) 200 km，(d) 400 km 水平スケールで平均した分布（鉛直流のみ）．

などに $3\,\mathrm{m\,s^{-1}}$ 以上の強い上昇気流域がみられ，この領域は対流活動の活発域（積乱雲域）に対応している．すなわち，この分布では，線状降水帯や積乱雲群等のメソスケールの現象による強い上昇気流をみていることになる．メソスケールの現象による影響は $100\,\mathrm{km}$ 平均しても上昇気流の大きさが $1/10$ 程度になるものの，$200\sim300\,\mathrm{km}$ のメソスケールの明確な上昇気流域が存在する．さらに $200\,\mathrm{km}$ 平均しても $400\sim500\,\mathrm{km}$ のメソスケールの上昇気流域が見出されるが，$400\,\mathrm{km}$ 平均するとメソスケールによる鉛直循環（上昇・下降気流）が打ち消され，東シナ海上ではほぼ全域で $1000\,\mathrm{km}$ 超の総観スケールを持つ弱い上昇気流域になっている．この事例のように，メソスケールの影響を除去して，総観スケールの上昇気流をみるためには，$400\,\mathrm{km}$ 程度の水平平均を行う必要がある．実際 $400\,\mathrm{km}$ 平均すると，本事例では上昇気流の強さが，総観スケールで通常みられる $10\,\mathrm{cm\,s^{-1}}$ 弱（$\sim350\,\mathrm{m\,h^{-1}}$）程度になっている．

3.2 ┃ 積乱雲の寿命

　集中豪雨は，条件付き不安定な大気状態のなか，大気下層から背が高く発達した湿潤対流である積乱雲によってもたらされる．具体的には，大気下層に潤沢にある水蒸気が積乱雲の発達とともに浮力によって作り出される強い上昇気流（数 $\mathrm{m\,s^{-1}}$ 以上，2.3.2 項参照）で上空に持ち上げられ，凝結により大量の降水が作り出されるためである．一方，大気下層に比べて図 2.13 に示した乱層雲が発生する大気中下層の水蒸気量は相対的に少なく，安定成層中の上昇気流（$10\,\mathrm{cm\,s^{-1}}$ 以下）は積乱雲中のものよりも 2 桁程度も小さく，そのため作り出される乱層雲による層状性降水は積乱雲による対流性降水よりもかなり少なくなり，日降水量としては大雨になることはあっても，集中豪雨になることはない．本節では，集中豪雨をもたらす積乱雲がどのように形成され，発達，衰弱していくのかをその内部構造を示すことで解説する．また，その前提となる，降水粒子の成長過程についても説明する．

3.2.1 ┃ 降水粒子の成長

　積乱雲は条件付き不安定な大気状態のなか，大気下層から水蒸気が供給され

続ける限り持続することが想定されるが，次項で説明するように1時間程度の寿命を持つ．ここでは，その寿命を決める前提となる降水粒子の成長過程および下降気流の形成要因について説明する．粒径0.01 mm程度の雲粒（cloud droplet）は水蒸気が単に凝結して形成されるのではなく，エアロゾル（aerosol）粒子とよばれる海塩粒子や塵などを核として，水蒸気が凝結することで形成する．黄砂などの鉱物粒子・土壌粒子および人為起源の硫酸塩粒子等のエアロゾル粒子も雲粒の核となる．これらの核は凝結核とよばれる．エアロゾル粒子を凝結核として雲粒が形成されるのは，相対湿度が100%を超える過飽和状態でも水蒸気は凝結核なしでは容易に凝結しないためである．

　雲粒は水蒸気を集めて成長し，10分ぐらいで粒径0.1 mm程度の霧雨粒（drizzle）になる．この過程は凝結成長過程とよばれる．その後，たとえば粒径4 mm程度の雨粒になるためには凝結成長過程だけでは1日程度の時間がかかってしまうので，短時間に雨粒へ成長するためには別の成長過程が必要となる．雲粒や霧雨粒は小さく軽いので，基本的には周囲の空気と一緒に移動する．このことから，雲粒や霧雨粒は降水粒子とはよばれない．ただ重量が少なからずあるので，実際は非常に小さい落下速度を持つ．水滴が小さい場合，落下時での空気の抵抗力は水滴の速度に比例する．その終端落下速度 V_T（terminal velocity）は，ρ_w を水の密度，D を球状の水滴の粒径，g を重力加速度，η（$\sim$ 1.8×10^{-5} N m s^{-2}）を空気の粘性係数とすると，

$$V_T = \frac{\rho_w D^2 g}{18\eta} \tag{3.1}$$

で求めることができる．（3.1）から，粒径0.01 mmの雲粒の V_T は約0.003 m s^{-1}であり，粒径0.1 mmの霧雨粒の V_T は約0.3 m s^{-1} と見積もられる．この落下速度の違いから，図3.3(a) のように落下速度の速い大きな粒子は小さな粒子を併合して成長することができる．この衝突併合成長過程の効率はとても大きく，霧雨粒から粒径4 mmの雨粒（raindrop）へは10分もかからず成長できる．また，衝突併合過程は0℃より気温が低い上空での非常に複雑な形状を持つ雪・あられなどの成長でも効率よく働いている．雨だけでなく，雪・あられなども含めた，水物質に関する諸過程は雲微物理過程（cloud microphysics）とよばれる．詳細は，水野（2000）などの教科書を参照していただきたい．

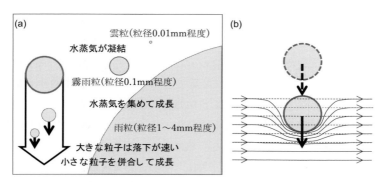

図3.3 (a) 雲粒, 霧雨粒, 雨粒の大きさの比較と衝突併合過程の模式図, および (b)
降水粒子が落下することで生じる下降気流の形成

　雨粒のような大きな降水粒子になると, 空気の抵抗力は V_T の2乗に比例す
るようになる. 降水粒子が球形であれば, V_T は ρ を空気の密度とすると,

$$V_T = \sqrt{\frac{4\rho_w D g}{3\rho}} \tag{3.2}$$

で求めることができるが, 実際は降水粒子が大きくなると空気抵抗をより大き
く受けるようになるので, 降水粒子の落下面が扁平化する. (3.2) からは粒径
4 mm の球形の雨滴が存在する場合, その V_T は約7 m s^{-1} になるが, 実際は
扁平化により, それよりも1割程度遅くなる (Gunn and Kinzer, 1949). また,
雨滴はその扁平化により, 粒径が8 mm 程度に達するまでに分裂するので, 雨
滴の V_T は最大で8 m s^{-1} 程度である.

　降水粒子は上昇気流中に凝結や雲粒等の併合成長によって作られるが, 図
3.3(b) のように, 降水粒子が空気の流れのなかを落下すると, 周囲の空気を
引きずり下ろして, その効果が上昇気流の強さをしのぐようになると下降気
流が形成される. この下降気流の形成が積乱雲に寿命を持たせる主要因とな
る. 詳細は次項で説明する. この降水粒子が周囲の空気を引きずり下ろす効果
は, 降水粒子の荷重 (water loading) 効果とよばれる. また, 下降気流は降
水粒子の蒸発や昇華, 融解で生じる負の浮力によっても形成・強化されるが,
降水粒子の荷重だけでも, 積乱雲中に下降気流が形成される (Nakajima and
Matsuno, 1988).

3.2.2 ┃ 積乱雲のライフステージ

図3.4は積乱雲のライフステージとして，積乱雲のなかの鉛直流の構造，雲粒から雨粒への成長や雨粒の落下などの特徴を積乱雲の発達期・成熟期・減衰期ごとに示している．積乱雲は，2.2節で説明したように条件付き不安定な大気状態のなか，大気下層の空気塊が自由対流高度（LFC）に到達し，絶対不安定な状態となって浮力が生じることで発生・発達する．この絶対不安定な状態は，水蒸気が凝結することで生じる潜熱によって作り出される．また，浮力によって強い上昇気流が作られるとともに，その上昇気流によって大気下層から持ち上げられる水蒸気が凝結して雲粒や0℃より上空では雲氷（cloud ice）が作り出され続ける．その後，積乱雲の発達期では，雲粒や雲氷が成長して雨や気温0℃より上空で雪が作られる（図3.4左図）．

成熟期（図3.4中図）になると，積乱雲中に形成された強い上昇気流によって，気温0℃層よりも上空に持ち上げられた過冷却の雲粒（凍らずに水滴のままの雲粒）が雲氷や雪などに付着して，あられが形成される．この形成過程はライミング（riming）とよばれる．降水粒子が大きくなると，落下速度が上昇気流よりも大きくなり，実高度でみても降水粒子は落下することになる．前項

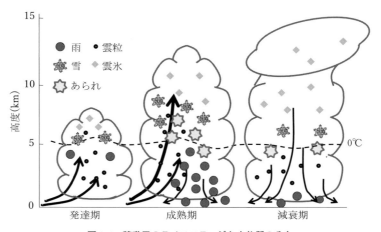

図3.4　積乱雲のライフステージと水物質の分布
矢印は上昇気流もしくは下降気流，破線は気温0℃の等値線を示す．気温0℃層よりも上空に持ち上げられた凍らずに水滴のままで存在する雲粒は過冷却の雲粒（過冷却水滴）とよばれる．

で説明したように，この落下による降水粒子の荷重の効果で下降気流が生じるとともに，降水粒子は地上に達して，降水が地上で観測されることになる．

減衰期（図3.4右図）では，降水粒子の荷重や雨滴の蒸発等の効果によって積乱雲内のほぼ全域で下降気流が卓越するようになり，水蒸気の供給が絶たれることで，積乱雲中に浮力を作り出す絶対不安定な状態を維持できなくなり，積乱雲は衰退することになる．また減衰期では，強い降水をもたらす大粒の雨は地上に落下済みで，落下速度の遅い小粒の雨による弱い降水となる．

以上のような過程を経て，雲の生成から積乱雲が発達して衰退するまでの期間，すなわち積乱雲の寿命は約1時間となる．実際は，個々の積乱雲によって異なり，積乱雲の寿命は30分〜2時間程度の幅を持つ（石原，2012）．このように積乱雲は自ら発達して，自ら衰退するので，小倉（1997）はこのありさまを自己破滅型とよんでいる．なお，積乱雲の寿命が1時間だとしても，降水が地上で観測される期間はその半分の30分程度である．また，落下速度8 m s^{-1}の大粒の雨でも高度5 km から地上まで落下するのに，積乱雲中の上昇気流または下降気流を考えないと10分ぐらいかかる．積乱雲が発達中で上空が黒くなっているときに，雨がしばらく降ってこないのはこのためである．

通常の積乱雲では，上述のように上昇気流内で降水粒子が落下することで下降気流が作られる結果，水蒸気を供給する上昇気流が絶たれて，1時間程度の寿命を持つことになる．上昇気流を遮断しないように異なる場所に下降気流が形成されれば，積乱雲は長寿命となりうる．そのような積乱雲が強い竜巻を発生させる，スーパーセル型ストーム（super cell storm，以降「スーパーセル」と略す）とよばれる巨大積乱雲（図3.5）であり，米国中西部でよく観測される．水平スケールは，通常の積乱雲では5〜15 km程度である一方，上層で広がる巻雲域も含めると100 km超になるスーパーセルもよく観測される．日本でも2006年11月に北海道佐呂間町に竜巻被害をもたらした積乱雲がスーパーセルだと考えられている（加藤，2020）．スーパーセルは回転している非常に強い上昇気流をともなっており，形成されたあられやひょうはその上昇気流内を落下することができない．また，スーパーセル発生時には大きな鉛直シアがあり，鉛直方向で風向が異なる．それらにより，あられやひょうが大気中層で周囲に飛ばされて，強い上昇気流以外の領域で落下することで異なる場所に下

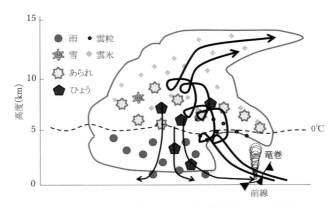

図3.5　スーパーセル型ストーム（巨大積乱雲）の内部構造
破線は気温 0℃ の等値線を示す.

降気流が形成される. また, 鉛直シアは鉛直方向に風速差があることで, 次節に示すように積乱雲の組織化に大きな役割をはたしている.

3.3 │ 積乱雲の組織化と鉛直シア

　前節では, 積乱雲が通常 1 時間程度の寿命を持つことを説明した. このことは, 1 つの積乱雲だけでは長時間持続して雨を降らせられないので, 総降水量 100 mm を超えるような集中豪雨をもたらすことができないことを示している. なぜなら, 鉛直方向に積算した水蒸気量（可降水量）はすべて降水量に変換されても暖候期で 60 mm 程度であり, 1 つの積乱雲がその水蒸気をすべて凝結させて降雨にしたとしても総降水量 100 mm には到底達しないためである. なお, 積乱雲中に強い上昇気流が作られることで, 周囲からも大量の水蒸気が集められることから, 1 つの積乱雲だけで可降水量以上に降水が生じることも考えられるが, 実際は上空に持ち上げられた水蒸気の多くが雲となって積乱雲の周辺に流出するなどして上空に留まる.

　1 つの積乱雲がもたらす降水量は, 積乱雲中に作られる上昇気流の強さや上空の湿度, 周囲からの水蒸気流入量に大きく依存するが, おおむね 10〜40 mm 程度である. 上空の湿度は, 上空にある水蒸気が凝結して積乱雲がも

たらす降水量を増やす要因となることはなく，逆に乾燥していると雲の蒸発により積乱雲の発達を抑制することから降水量を減らす要因となる（4.3節参照）．総降水量100 mm を超えるような集中豪雨が発生するには，少なくとも3つ以上の積乱雲が次々と発生して，同じ領域に強い降水をもたらす必要があり，そのためには複数の積乱雲が組織化することが好都合である．ここでは，積乱雲の組織化に重要な役割をはたす鉛直シア（vertical shear）について解説したのち，3次元大気を考える場合に鉛直シアを評価することができるストームに相対的なヘリシティ（storm relative environmental helicity：SREH）について説明する．

3.3.1 ┃ 雨滴の蒸発冷却と冷気外出流の形成

　通常，積乱雲中に下降気流が形成されることで積乱雲が衰退することを前節で説明したが，この下降気流にともなって降水粒子が落下中に蒸発することで，周囲の空気を冷やす．1章で述べたように，周囲の空気との混合がない条件で降水粒子の蒸発がない断熱の場合，下降気流中では乾燥断熱減率（9.8×10^{-3}℃ m^{-1}）で気温が上昇する．この気温上昇は断熱昇温とよばれる．相対湿度が100% である雲中を降水粒子が落下しているときは，断熱昇温による飽和混合比の増加分しか降水粒子は蒸発することができず，飽和相当温位が保存するように温度エマグラム上の湿潤断熱線に沿って気温は上昇することになる．この気温上昇の説明は奇異に思われるかもしれないが，湿潤断熱線上での気温減率は湿潤断熱減率であり，通常では周囲の空気の気温減率よりも小さい．すなわち，下降気流外の空気よりも気温が低下することはない．一方，相対湿度が100% でない雲底下では，飽和混合比に達するまで降水粒子は蒸発することができるので，下降気流外の空気よりも気温が低下することができるようになる．この気温低下は，雲底が高く，雲底下の相対湿度が低いほど顕著である．逆に梅雨期では雲底が低く，大気下層の相対湿度が高いので，降水粒子の蒸発冷却の効果は小さい．たとえば，1998年8月4日の新潟での線状降水帯による大雨事例の数値シミュレーションで，雨滴の蒸発をなくしても，再現結果にほとんど影響しないことが示されている（Kato and Goda, 2001）．

　次に，降水粒子が蒸発することで低下できうる温度を具体的に説明する．そ

の温度は露点温度ではなく，湿球温度とよばれる．湿球温度には，熱力学的湿球温度と断熱的湿球温度という2つの定義がある．熱力学的湿球温度は湿球温度計で測定される温度であり，一定の気圧下で，ある空気塊内に雪や雨等の水物質を蒸発させて，飽和に達するまで断熱的に冷却したときの温度である．一方，断熱的湿球温度はエマグラムから容易に理解することができる．ここでは，後者について具体的に説明する．なお，断熱的湿球温度のほうが熱力学的湿球温度よりも若干低くなるものの，両者には最大で0.1℃オーダーの差しかなく，ほぼ同値と考えてよい．

　断熱的湿球温度（以降「湿球温度」と略す）は偽湿球温度ともよばれることがあり，持ち上げ凝結高度（LCL）から湿潤断熱線に沿って持ち下げたときの空気塊を持ち上げ始めた高度（気圧面）での温度で定義され，露点温度よりも高くなる．このことを，(2.1) で定義した湿潤静的エネルギーを用いて説明する．湿潤静的エネルギーは厳密には保存されないがほぼ保存されるので，同じ高度なら露点温度 T_d と湿球温度 T_w には，

$$C_{pd}T + L_v\, q_{vs}(T_d) = C_{pd}T_w + L_v\, q_{vs}(T_w) \tag{3.3}$$

の関係が成り立つ．ここで，C_{pd} は乾燥空気の定圧比熱，L_v は水から水蒸気への蒸発熱，q_{vs} は飽和混合比である．(3.3) の両辺第1項の温度によるエネルギー（エンタルピー）も第2項の水蒸気のエネルギー（潜熱）も温度に対して単調増加関数であり，空気塊が飽和していなければ $T > T_d$ なので，T_w は

$$T > T_w > T_d \tag{3.4}$$

を満たすことになる．

　ここで，図 3.6(a) で示した実際の温度エマグラム（2012年5月6日9時のつくばでの高層観測結果）を用いて，950 hPa 気圧面と地上での湿球温度を求めてみる．まず2.3節で説明したように，950 hPa 気圧面の空気塊を持ち上げる．気温のプロファイル（①地点）から乾燥断熱線に平行に線を引き，同気圧面の露点温度のプロファイル（②地点）から等飽和混合比線に平行に線を引くと，その交点が LCL である．このケースでは LCL は 920 hPa となり，その高度（気圧面）での相当温位の値は 320 K だということが湿潤断熱線から読み取れる．320 K の湿潤断熱線で 950 hPa 気圧面まで持ち下げたときの温度は 13.5℃であり，この値が湿球温度となる．同様に地上から空気塊を持ち上げると，LCL（〜

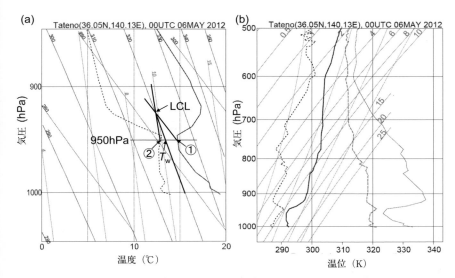

図3.6 2012年5月6日9時の舘野（茨城県つくば市）での高層観測結果
(a) 850 hPa 気圧面までの温度エマグラムと，(b) 500 hPa 気圧面までの温位エマグラム．(a) では 950 hPa 気圧面での熱力学的湿球温度を見出す方法を示している．

924 hPa）での相当温位の値が 321.5 K であり，LCL から湿潤断熱線に平行に地上まで持ち下げると，湿球温度は 16.0℃と見積もれる．ともに湿球温度が気温と露点温度の間に位置しており，(3.4) の関係が満たされていることが確認できる．このように湿球温度は温度エマグラムを用いて求められるが，相当温位さえわかれば，簡単に湿球温度を見出せる．すなわち，950 hPa 気圧面の相当温位の値を温位エマグラム（図3.6(b)）から 320 K と読み取り，温度エマグラムの 950 hPa 気圧面上で湿潤断熱線が 320 K になる温度を見つけだせばよいのである．

　上述から，相当温位が低いほど湿球温度が低くなり，気温低下が大きいことがわかる．また，上空から空気塊を引き下ろした場合も，その地点での相当温位の値から雨滴等の蒸発により最大限低下できうる温度を見積もることができる．図3.6 のケースでは 950 hPa 気圧面から空気塊を地上まで引き下ろした場合の最大限低下しうる温度は 15.6℃となり，地上の空気塊の湿球温度（～16.0℃）よりも低くなりうる．この事例では，500～700 hPa 気圧面の相当温

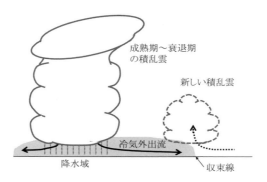

成熟期～衰退期
の積乱雲

新しい積乱雲

冷気外出流

降水域

収束線

図 3.7　積乱雲からの冷気外出流にともなう新しい積乱雲の形成

位が地上よりも 10 K 程度低い（図 3.6(b)）．その高度の空気塊を地上まで引き下ろせば，雨滴等の蒸発によりおよそ 12℃ まで気温低下する可能性があり，地上気温よりも 7℃ 程度低くなる．このように，中層に低い相当温位をもつ空気が存在した場合，その高度の空気塊を引き下ろせば，雨滴等の蒸発による温度低下で負の浮力が生じることで，下降気流が強められる．ときには，強化された下降気流が地上に発散することによりダウンバースト等の突風が発生することがある．

　突風に至らない場合でも，地上付近で発散した下降気流の気温が周囲よりも低ければ，図 3.7 のように冷気外出流となって周囲に広がる．ブジネスク（Boussinesq）流体を仮定して地表面摩擦はないものとし，冷気外出流の流速 c を理論的に見積もると，

$$c = \sqrt{2gh\frac{\Delta\rho}{\rho_0}} = \sqrt{2gh\frac{\Delta T}{T_0}} \tag{3.5}$$

のように求められる（Benjamin, 1968）．ここで，g は重力加速度，h は冷気層の厚さ，ρ_0（T_0）は周辺場の密度（気温），$\Delta\rho$（ΔT）は冷気層と周辺場との密度（気温）差である．またブジネスク流体は，密度の基本場が高度によらず一定で，かつ密度変化は圧力によらず温度だけの関数で与えられる流体であり，冷気外出流のように厚さがあまりない流体に近似的に用いることができる．しかし，実際の大気はブジネスク流体でもなく，地表面摩擦の影響もある．そこで，定数である $\sqrt{2}$ の代わりに内部フルード数（internal Froude number）Fr_i を導入し，

$$c = Fr_i \sqrt{gh \frac{\Delta\rho}{\rho_0}} = Fr_i \sqrt{gh \frac{\Delta T}{T_0}} \tag{3.6}$$

として冷気外出流の流速を求めると，観測値や室内実験，数値実験の結果から Fr_i は 0.77〜1.4 程度と見積もられている．$h = 1\,\mathrm{km}$，$T_0 = 300\,\mathrm{K}$，$\Delta T = 10\,\mathrm{K}$ とすると，冷気外出流の流速は最大 $25\,\mathrm{m\,s^{-1}}$ 程度になる．

3.3.2 ▌ 鉛直シアの役割

　成熟期〜衰退期の積乱雲からの冷気外出流の先端では，相対的に暖かい空気が冷気外出流の上に持ち上げられ，自由対流高度（LFC）に達することができれば，湿潤対流，すなわち新しい積乱雲が発生する（図3.7）．ただ，周辺場に風が吹いていない場合では，既存の積乱雲から離れた場所に新しい積乱雲が発生することになるので，同じ場所で雨が降り続くことはなく，大雨にはならない．このような積乱雲の繰り返し発生は，風の弱い夏季の平野部での不安定性降水時によくみられる．それによる降水時には，山岳域から平野部へ降水域が移動しながら，同じ場所では数十分で降り止むことが多い．「通り雨」ともよばれる所以である．

　大雨になるためには，同じ場所に複数の積乱雲が発生または通過することで，強い降水が継続する必要がある．まず積乱雲がほぼ同じ位置で発生するためには，図3.7の破線矢印のように冷気外出流と逆向きの下層暖湿流が流入しなければならないが，上空まで同じ強さの風が吹いていると積乱雲は風向方向に移動してしまう．移動しないためには上空の風が弱くなるか，下層と逆向きの風が吹いている必要がある．このような下層と上空の風の強さの違いは鉛直シアとよばれ，水平風速を u とすると，$\partial u/\partial z$ で定義される．また鉛直シアがあると，繰り返し発生する複数の積乱雲が組織化することで，マルチセル型ストーム（積乱雲群，multi cell storm，以降「マルチセル」と略す）が形成される．すなわち，大雨になるためには積乱雲が組織化することが必要であり，鉛直シアの役割が重要となる．

　鉛直シアの強さとマルチセルの形成との関係について，2次元の数値モデルによる数値実験の結果を紹介する．図3.8(a)は，米国でスコールライン（squall line）が観測された6.5時間前の高層気象観測で得られた条件付き不安定な大

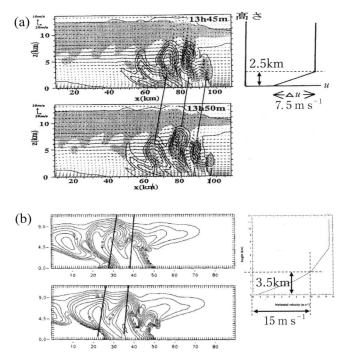

図 3.8　(a) 米国でスコールラインが観測された 6.5 時間前に高層気象観測で
　　　　得られた条件付き不安定な大気状態に，下層 2.5 km に 7.5 m s^{-1} の鉛
　　　　直シアを与えたときの数値モデルで再現されたマルチセル型ストーム
　　　　(**Yoshizaki and Seko, 1994**)，および (b) (a) と同じ，ただし下層 3.5 km
　　　　に 15 m s^{-1} の鉛直シアを与えた場合 (**Fovell and Ogura, 1988**)

気状態に下層 2.5 km で風速差 7.5 m s^{-1} の鉛直シアを与えた結果で，積乱雲
が繰り返し発生することで組織化されたマルチセルは 4〜5 個の積乱雲で構成
されていることがわかる（Yoshizaki and Seko, 1994）．下層の暖湿流流入側の
右側から生成期の積乱雲，図 3.4 で示したライフステージの発達期，成熟期，
衰退期の積乱雲の順に並んでおり，時間とともに左側に移動しながらライフス
テージを進めていることがわかる．このように積乱雲が繰り返し発生し，組織
化して積乱雲群を形成する過程はバックビルディング（back building）型形
成とよばれ，3.5 節で説明する線状降水帯における代表的な形成過程の 1 つで
ある．また図 3.8(b) のように，図 3.8(a) と同じ不安定な大気状態に下層 3.5 km

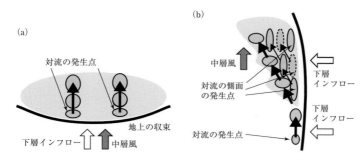

図3.9 下層と中層の風向の違いによるバックビルディング型による積乱雲群の形成（瀬古：2005）
(a) 風向が同じ場合と，(b) 風向が異なる場合.

で風速差15 m s^{-1}のより強い鉛直シアを与えた場合，再現されるマルチセルを構成する積乱雲の数は2〜3個となる（Fovell and Ogura, 1988）．鉛直シアをなくすと積乱雲が組織化されなくなり，マルチセル自体再現されなくなる．これらの数値実験から，適度の鉛直シアが積乱雲の組織化に必要であることがわかるが，2次元の数値モデルの結果であり，風向が上空と下層で異なる3次元の環境場における影響についてはわからない．

　3次元の数値モデルを用いた研究では，瀬古（2005）が上空と下層の風向に着目して積乱雲群の形成について考察している．上空と下層の風向が同じ場合（図3.9(a)）では，上述の2次元の数値モデルと同じく，バックビルディング型形成による積乱雲群が複数再現される．一方，上空と下層の風向が直交する場合（図3.9(b)）では，下層風の流入側にあたる積乱雲群の側面（進行方向左側）で効率よく積乱雲が繰り返し発生でき，この形成過程は"バックアンドサイドビルディング型"と名付けられている．このように積乱雲群の形成には適度な鉛直シアや風向が上空と下層で異なることが効果的であるが，その積乱雲の組織化に関して3次元の鉛直シアの効果を量的に評価することができる決定的な指標は今まで提案されていない．

3.3.3 ┃ ストームに相対的なヘリシティ（SREH）と温度移流

　回転する上昇気流をともなうスーパーセルの発生しやすい条件の1つを決めるときによく用いられる指数で，3次元の鉛直シアの効果を評価するSREHが

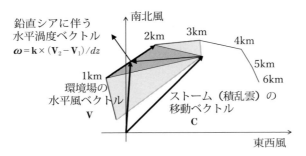

図 3.10 ホドグラフを用いたストームに相対的なヘリシティ (SREH) の説明

$\boldsymbol{\omega}$ は水平渦度ベクトル，$\mathbf{k}$ は鉛直方向の単位ベクトル，$\mathbf{V}_1$ と $\mathbf{V}_2$ はそれぞれ高度 1 km と 2 km の水平風ベクトル，$\mathbf{V}$ は環境場の水平風ベクトルで，ここでは高度 1 km と 2 km 間の平均風を示す．$\mathbf{C}$ はストーム（積乱雲）の移動ベクトル．

提案されている（Davies-Jones *et al.*, 1990）．SREH は，その値が大きいほど積乱雲中の上昇気流により大気下層の鉛直シアを立ち上げてメソサイクロン（mesocyclone）とよばれる強い水平渦が積乱雲中に作られる．このメソサイクロンの存在がスーパーセルの大きな特徴となっている．ここでは，積乱雲の組織化の指標としての SREH の利用可能性について説明する．

　まず，ホドグラフ（図 3.10）を用いて，SREH の意味するところを説明する．ホドグラフとは，東西風速を横軸に，南北風速を縦軸に取り，鉛直方向に原点（風速 0 m s^{-1}）を始点とした高度または気圧面の水平風ベクトルの各頂点を線で結んで表示させたもので，鉛直方向に対する水平風の変化を読み取ることができる．SREH は，ストーム（積乱雲）の移動を差し引いた水平風ベクトルと鉛直シアにともなう水平渦度ベクトルとの内積をある高度間で鉛直積分して算出される．よく用いられる積分範囲は高度 0〜3 km 間であり，SREH は

$$\mathrm{SREH} = \int_{0\,\mathrm{km}}^{3\,\mathrm{km}} (\mathbf{V} - \mathbf{C}) \cdot \boldsymbol{\omega}\, dz \tag{3.7}$$

で定義される．ここで，水平渦度ベクトル

$$\boldsymbol{\omega} = \mathbf{k} \times \frac{\mathbf{V}_2 - \mathbf{V}_1}{dz} \tag{3.8}$$

は水平渦度の回転軸方向に向きを持ち，ある高度（気圧面）間の鉛直シアベクトル（たとえば，高度 1 km と 2 km の水平風ベクトルの差：$\mathbf{V}_2 - \mathbf{V}_1$）をそ

の高度差で割り，反時計回りに90°回転させたベクトルであり，**k** は鉛直方向の単位ベクトルである．また，ストームの移動を差し引いた高度1〜2 km 間の環境場の風ベクトル（**V** − **C**）と水平渦度ベクトルの内積は図3.10の濃い灰色の三角形の面積の2倍になり，0〜3 km 間で鉛直積分して算出される SREH は薄い灰色の矩形面積の2倍となる．このことから，高度1 km 以下と3 km の風向が異なり，ともに風速が強いと，SREH の値は大きくなることがわかる．ホドグラフの空間上は風速（m s^{-1}）で表示されるので，面積である SREH の単位は m^2 s^{-2} となる．

　1章および2章で説明してきたように，積乱雲が発生するためには，LFC まで大気下層の空気塊が持ち上げられる必要があり，その空気塊は凝結するまでは等温位面上を移動する．絶対不安定な大気状態でない限り，温位は上空ほど高くなっているが，温位が高い，すなわち気温が高い空気塊が大気下層に流入すると等温位面に沿って上空に持ち上げられることになる．このような気温の高い空気の移流は水平方向の温度傾度に風速を掛けた温度移流

$$-\mathbf{v}\nabla T \tag{3.9}$$

で表現できる．水平温度傾度と鉛直シアは温度風の関係を満たすことに基づいて，鉛直シアベクトルの方向と温度移流との関係をホドグラフの回転方向から説明する．なお，温度風の詳細については，北畠（2019）などの総観気象の教科書を読んでいただきたい．図3.11(a) の白抜き矢印のように 850 hPa と 700 hPa 気圧面間に鉛直シアベクトルが存在すると，温度風の関係から気温分

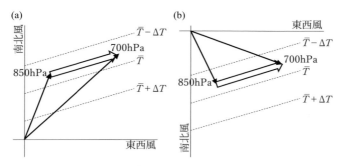

図3.11 鉛直シアベクトル（白抜き矢印，ここでは，850 hPa と 700 hPa 気圧面での水平風ベクトル差）と周辺の温度分布との関係
（a）暖気移流場の場合と，（b）寒気移流場の場合．

布はシアベクトルの方向の右側ほど気温が高くなる．すなわちホドグラフが上空に向かって時計回りに変化していると，暖気移流場であることを示している．逆に図3.11(b)のように反時計回りに変化している場合は，寒気移流場を示す．SREHが正値を取る場合は時計回りであり，その値が大きいほど，暖気移流場でかつ大気下層の風が強くなるので，相当温位も高い場合は暖湿な空気が大量に流入し，大雨が発生しやすい環境場であることを意味している．加えて，図3.10の例のように鉛直方向に時計回りに水平風速が変化している大気状態では，発生した積乱雲は移動しながら，進行方向右側から水蒸気が継続的に供給されることになり，積乱雲の継続的な発生・発達に好都合である．これらから，SREHは鉛直シアとしての積乱雲の組織化だけでなく，大雨の発生可能性を判断する指標の1つとして利用できると考えられる．

3.4 | 集中豪雨と局地的大雨

この節では大雨の降り方から，集中豪雨と局地的大雨の違いを説明する．気象庁のホームページに掲載されている用語集では，集中豪雨は「同じような場所で数時間にわたり強く降り，100 mmから数百 mmの雨量をもたらす雨」と説明されている．降水量が大まかにしか示されていないのは，災害に直結するとともに，地域差があり，ある閾値で線引きができないためである．代表的な例として，2014年8月20日に広島市で74人の犠牲者を出した大規模な土砂災害を引き起こした大雨事例を紹介する．集中豪雨発生時，広島市は東シナ海から日本海上にかけて停滞していた前線の約300 km南側に位置していた（図3.12(a)）．この場所は前線を内包して南北に幅を持って存在していた上空の湿った領域（梅雨期の湿舌に対応）の南端にあたり，この位置関係は梅雨期に大雨が発生する多くの事例と類似していた（5章参照）．また，大雨をもたらした下層水蒸気は豊後水道から流入していた．そのときの3時間積算降水量分布（図3.12(b)）には20〜50 kmの幅を持ち，線状に50〜200 kmの長さにのびた大雨域があり，最大降水量は238 mmに達している．このような大雨域は，その形態から線状降水帯とよばれている．その詳細は次節で説明する．また，集中豪雨が日本列島のどこで，どのような頻度で発生しているかについて

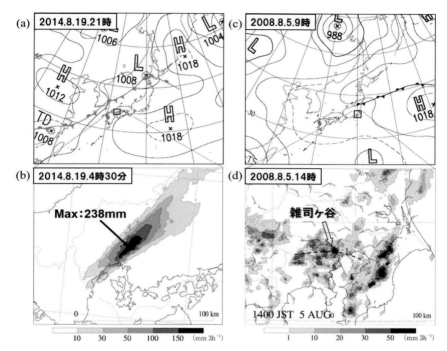

図 3.12 (a) 2014 年 8 月 19 日 21 時の地上天気図，(b) 同 20 日 4 時 30 分までの解析雨量から作成した 3 時間積算降水量分布，(c) 2008 年 8 月 5 日 9 時の地上天気図，および (d) 同 14 時までの解析雨量から作成した 3 時間積算降水量分布とアメダスで観測された地上風（矢羽，全矢：$2\,\mathrm{m\,s^{-1}}$）

破線は局地前線を示す.

は 3.6 節で述べ，大雨の発生要因については 4 章で詳細に説明する.

　一方，局地的大雨は「数十分の短時間に狭い範囲に数十 mm 程度の雨量をもたらす雨」と気象庁の用語集では説明されている. また，局地的大雨は「ゲリラ豪雨」ともよばれることもある. ここで使われている「ゲリラ」とはゲリラ戦（遊撃戦）とよばれる不正規戦闘を行う兵士のことであり，臨機に奇襲や待ち伏せを行うことから，不意打ちで予想できない大雨という意味で使われている.「ゲリラ豪雨」は事前の予測が困難な局地的大雨に対して，1969 年に気象庁の職員が初めて使った用語であるが，最近では予測できていた大雨も「ゲリラ豪雨」として取り上げられることもあり，本来の理由付けで必ずしも用いられているわけではなさそうである.

　局地的大雨の特徴は，図 3.12(d) のような団塊状の降水域で，それらが複数散在してみられることが多い．1 つの降水域の長さ・幅とも 20〜30 km 程度であり，それぞれでの降水の持続時間は最大 1 時間程度で，100 mm 以上の大雨を引き起こすこともある．なお，3.3.2 項で説明した移動する降水域による「通り雨」では，同じ場所で強雨が持続しないので，局地的大雨になることはほとんどない．短時間に強い雨が局所的に降るので，局地的大雨は都市部でたびたび内水氾濫を引き起こす．内水氾濫は，市街地に降った雨が排水能力を超える場合や，低地部分に降った雨が川に流出できない場合に浸水する現象である．図 3.12(d) の例は，「ゲリラ豪雨」という言葉が世間で多用される契機となった 2008 年 8 月 5 日の東京都豊島区雑司が谷の大雨事例であり，急な増水のために，下水道の作業員 5 人が亡くなった．地上天気図（図 3.12(c)）をみると，梅雨前線が東北南部にかかってはいるが，関東地方は梅雨が明けていた．太平洋上にあった低気圧や上空の寒気の影響を受け，下層暖湿流が関東地方に流入して図 3.12(d) の破線で示した局地前線付近を中心に午前中から弱い不安定性降水が時折観測されていた．日照はなかったものの 11 時前には東京大手町での気温が 30℃ を超え，昼前から対流活動が活発になり，関東平野南部の各地で強い不安定性降水が発生し，複数の局地的大雨がもたらされた．雑司が谷近傍の豊島で観測された 10 分間降水量の時系列（図 3.13）では，10 mm 以上の降水が継続して 1 時間で 70 mm 近い大雨となっているが，当日に降水が観測されたのはその時間帯だけであった．

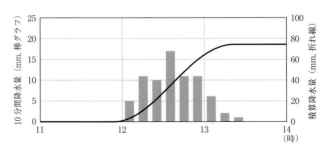

図 3.13　豊島（東京都豊島区，2008 年 8 月 5 日）で観測された 10 分間降水量（mm，棒グラフ，左目盛）と積算降水量（mm，線グラフ，右目盛）の時系列

3.5 | 線状降水帯

　局地的大雨は都市部でたびたび内水氾濫を引き起こすが，土砂災害をもたらすことは少ない．土砂災害は主に集中豪雨によって，数時間にわたって大雨が降り続くことで引き起こされる．そのような大雨は積乱雲または積乱雲群が線状に組織化され，数時間停滞して形成される線状降水帯によってもたらされることが多い．集中豪雨のうち，線状降水帯による事例の占める割合の統計調査については次節で述べる．また，国土技術政策総合研究所が行った土砂災害をもたらした集中豪雨事例の調査では，線状降水帯によるものが半数以上の事例を占め，1事例あたりの人的被害は線状降水帯によるものがそうでないものに比べて3〜4倍多いことが示されている．

　代表的な線状降水帯事例を口絵1と図3.12(b)，図3.17(b)に示す．2014年7月9日の沖縄本島での大雨(口絵1(a))，1999年10月の千葉県香取市(旧名：佐原)での大雨（口絵1(b)），2013年8月の秋田・岩手県での大雨（口絵1(c)），2014年8月の広島市での大雨（図3.12(b)）と2013年10月の伊豆大島での大雨（図3.17(b)）の3時間積算降水量分布をみると，線状にのびる降雨域が確認できる．それらの降雨域が線状降水帯によるものである．また，沖縄から東北地方でも，梅雨期だけでなく，晩秋の10月末でも線状降水帯は発生している．量的にも，3時間で200 mmを超える大雨をもたらし，複数の事例では1時間平均でも100 mm以上の猛烈な雨になっている．なお，口絵1(d)の2016年6月の熊本県北部での大雨のように，複数の線状降水帯がほぼ同時に近傍で発生することがあり，線状降水帯事例の判別が難しい場合がある．

　この節では，線状降水帯の由来を紹介した後，線状降水帯の主な形成過程を解説する．その形成過程の1つであるバックビルディング型形成による線状降水帯の階層構造について，2014年8月20日の広島市での大雨事例（図3.12(a)と(b)）を例として具体的に示す．また，その広島市での大雨事例を対象に数値モデルでの予測可能性についても言及する．

3.5.1 ▌ 線状降水帯という用語の由来

線状降水帯という用語は，2000 年頃から九州で発生する地形性の線状の降水システム（Kato, 2005）を対象にメソ気象の研究者が使い出した．図 3.14 に九州で発生する地形性の線状の降水システムの例を示す．甑島列島や長崎半島から北東方向にのびる降水域がみられ，それ以外にも地形に起因すると思われる複数の線状の降水域が存在している．その後の研究（たとえば，Kato and Goda, 2001；Kato and Aranami, 2005）で，九州以外や地形に起因しない準定常な線状の降水システムが存在することが改めて確認され，書籍では 2007 年に発刊された『豪雨・豪雪の気象学』（吉崎・加藤，2007）のなかで，準定常な線状の降水システムである線状降水帯が多くの集中豪雨をもたらす正体であることが初めて説明されている．

また，気象庁の用語集では，線状降水帯は「次々と発生する発達した雨雲（積乱雲）が列をなした，組織化した積乱雲群によって，数時間にわたってほぼ同じ場所を通過または停滞することで作り出される，線状にのびる長さ 50〜300 km 程度，幅 20〜50 km 程度の強い降水をともなう雨域」と説明されている．集中豪雨と同様に，線状降水帯の統一的な定義はないが，1 時間〜数時間の積算降水量分布で明瞭に認識することができる．また，防災上の観点から，降水量についての具体的な数値は示されていない．一方，集中豪雨という用語は，

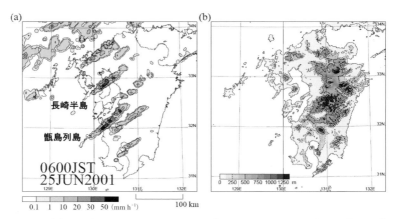

図 3.14 (a) 2001 年 6 月 25 日 6 時に気象レーダーで観測された降水強度分布（mm h^{-1}）と，(b) 九州の地形（**Kato, 2005**）

1953年8月15日に京都府南部で発生した南山城水害での新聞報道で初めて利用された。この水害発生時，2014年の広島市での大雨事例（図3.12(a) と (b)）と同様に，地上天気図（図3.15(a)）には日本海上に前線が解析されており，3時間積算降水量（図3.15(b)）は最大200 mmに達し，強い降水域が西南西から東北東方向にのびていた。上記の線状降水帯の雨域の説明に合致し，集中豪雨の用語も線状降水帯と深く関連して用いだされた。

　線状降水帯の判断には，2014年の広島市での大雨事例のように面的に整備された1時間から数時間の積算降水量分布を用いることが望まれる。そのようなデータは1990年頃から気象庁解析雨量として作成が始まった。それ以前は，気象レーダーの観測結果をアナログ的に表示させた画面上に透明のOHP（overhead projector）シートを載せてスケッチした降雨分布のスナップショットが画像として一部保存されているだけだった。1980年代後半には気象レーダーのデータはデジタル化され，複数の気象レーダーのデータを重ね合わせて全国合成レーダーデータが作成されるようになり，そのデータをベースにアメダス等の降水量の観測値で補正することで，1時間降水量である気象庁解析雨量が作成されるようになった（牧原，2020）。そして，大雨時の解析雨量分布を調査できるようになって，2000年以降には集中豪雨の多くが線状降水帯によって生じていることがわかってきた。

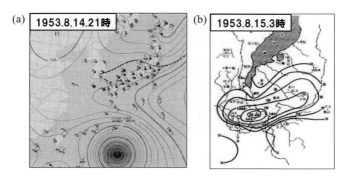

図3.15　(a) 1953年8月14日21時の地上天気図と，(b) 同15日3時までの3時間積算降水量分布（京都府砂防協会，2004）

3.5.2 ▍線状降水帯の形成過程

　線状降水帯の形成過程は，Bluestein and Jain（1985）が統計的に調査した米国で観測されたスコールラインの形成過程に基づいて分類できる．スコールラインは，3.3.2項で紹介したマルチセル型ストーム（積乱雲群）が冷気外出流の先端にライン上に複数並ぶ降水システムであり，通常は移動するので線状降水帯を形成することはない．分類されたスコールラインの形成過程には，観測数の順に，破線（broken line）型，バックビルディング型，破面（broken areal）型，埋め込み（embedded areal）型の4つのタイプがあり，線状降水帯の形成過程は主に破線型とバックビルディング型の2つに該当する．

　破線型では，複数の積乱雲（降水セル）が同時期に発生して線状の形態をなし，局地前線にほぼ直交して下層暖湿流が流入した場合などにみられる（図3.16(a)）．代表例として，2013年10月16日の伊豆大島での大雨を引き起こした線状降水帯事例を図3.17に示す．この事例では，台風第26号が関東地方に近づくなか，その北東側に関東東方沖から伊豆大島付近を横切るように停滞前線がみられる（図3.17(a)）．その前線は，台風本体の先行降雨によって関東平野で作られた冷気外出流が南東方向に吹き出し，台風周辺の暖湿流である南東風との間で局地前線として強化されていた．線状降水帯はその局地前線上に形成され，3時間積算降水量は333 mmに達し，100 mm以上の降水域の長さと

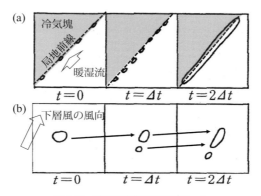

図3.16　線状降水帯の形成パターン
（a）破線型と，（b）バックビルディング型．（a）の破線は局地前線，（b）の矢印は積乱雲（降水セル）の移動を示す（Bluestein and Jain, 1985に加筆）．

幅はそれぞれ約 200 km と 30 km である（図 3.17(b)）.

　バックビルディング型では，積乱雲群の形成（3.3.2 項）で説明したように，既存の積乱雲（降水セル）からみて下層風の上流方向に新しいセルが次々と発生し，それらが発達するとともに移動して既存のセルと組織化することで線状になる（図 3.16(b)）. 図 3.12(b) で示した 2014 年 8 月 20 日の広島市での大雨事例が典型例である. この広島市での事例を用いて，次節でバックビルディング型による線状降水帯の形成・維持メカニズムを具体的に示す.

　表 3.1 に気象レーダー観測からバックビルディング型形成であったことが確認された線状降水帯事例を示す. 2010 年以降の事例が多いのは，線状降水帯と関連付けた調査・研究が増えたためである. 季節および地域でみると，梅雨期の九州での事例が多いが，沖縄列島から北海道まで，太平洋側だけでなく，日本海海側でも線状降水帯が形成していることがわかる. このことは，4.4 節で説明する線状降水帯が発生しやすい条件さえそろえば，日本列島のどこでも線状降水帯が発生することを示唆している.

　以上説明した 2 つの型以外に，破面型による線状降水帯の形成が確認されている. 破面型では，強または中程度の強さの降水強度をともなう積乱雲が漠然と広範囲に分布していたのが，時間の経過とともに積乱雲群として明瞭な線状に組織化される. 2009 年 7 月 21 日の山口県防府市に大雨をもたらした線状降水帯の形成過程が破面型だと考えられている. 該当事例では，最大 3 時間降水量が 126 mm に達し，防府市の老人ホームに土砂が流れ込み複数の死者が出る

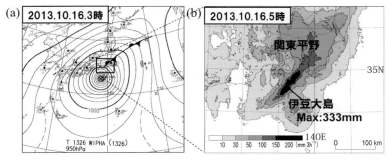

図 3.17　(a) 2013 年 10 月 16 日 3 時の地上天気図と，(b) 同 5 時までの解析雨量から作成した 3 時間積算降水量分布

表3.1 バックビルディング型形成が確認された線状降水帯事例とそれにともなって観測された最大3時間降水量

発生年/月/日	発生場所または名称（発生県）	最大3時間降水量（mm）／観測地点
1993/8/1	平成5年8月豪雨（鹿児島県）	182 mm／八重山
1998/8/4	平成10年8月上旬豪雨（新潟県）	161 mm／宝珠山
1999/6/29	福岡県	126 mm／福岡
2000/9/11	東海豪雨（愛知県）	214 mm／名古屋
2008/8/29	平成20年8月末豪雨（愛知県）	240 mm／岡崎
2011/7/29	平成23年7月新潟・福島豪雨	167 mm／只見
2012/7/12	平成24年7月九州北部豪雨	288.5 mm／阿蘇乙姫
2013/7/29	山口県・島根県	283 mm／須佐
2013/8/9	秋田県・岩手県	224.5 mm／鹿角
2014/7/9	沖縄本島	177.5 mm／読谷
2014/8/20	広島県	209 mm／三入
2014/9/11	北海道石狩・空知地方	164.5 mm／千歳
2015/9/10	平成27年9月関東・東北豪雨	160.5 mm／五十里
2016/6/20-21	長崎県・熊本県	196 mm／甲佐
2017/7/5	平成29年7月九州北部豪雨	220 mm／朝倉
2018/7/8	平成30年7月豪雨（高知県）	263 mm／宿毛
2020/7/4	令和2年7月豪雨（熊本県）	205.5 mm／牛深

など，死者と行方不明者は14人に上った．また，埋め込み型では，弱い層状性の降水域のなかに対流性の線状の降水域が出現する．

3.5.3 ▎線状降水帯にみられる階層構造

　2014年8月20日の広島市での大雨事例（図3.12(a)）を用いて，バックビルディング型による線状降水帯の形成・維持メカニズムを図解説する．まず形成過程について，10分ごとの降水強度分布の時系列（図3.18(a)，口絵3(a)）から説明する．20日00時40分には①〜④，⑤〜⑨の複数の積乱雲で構成されている2つの線状の積乱雲群AとBが存在し，発達した積乱雲は高度16 km（対流圏界面）に達している（図3.18(b)，口絵3(b)）．積乱雲群Bの形成過程に着目すると，19日23時40分頃に発生した積乱雲⑤が北東に動き

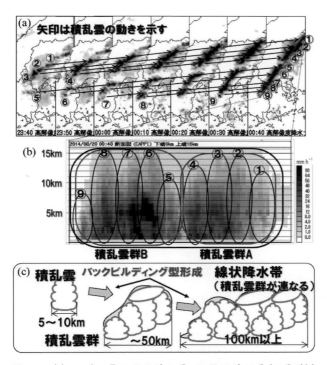

図 3.18 (a) 2014 年 8 月 19 日 23 時 40 分〜20 日 00 時 40 分（10 分ごと）の降水強度分布（mm h^{-1}），(b) (a) の 20 日 00 時 40 分の線分上の南西-北東鉛直断面図，および (c) バックビルディング型形成メカニズムと線状降水帯の構造の模式図（Kato, 2020）

つつ，その南西側に次々と積乱雲⑥〜⑨が発生して積乱雲群 B を形成していることがわかる．このように積乱雲が進行方向の上流側（逆側）に次々と発生して，3〜5 個程度の積乱雲で構成された線状の積乱雲群を形成していることから，バックビルディング型形成であることが確認できる．また，2 つの積乱雲群 A と B が連なっているように，複数の積乱雲群が連なることで線状降水帯が形成され，線状降水帯には積乱雲→積乱雲群という階層構造がみられる（図 3.18(c)，口絵 3(c)）．このような階層構造は，1999 年 6 月 29 日の福岡での大雨事例でも確認されている（Kato, 2006）．

次に，200 mm を超える大雨に至った要因について，線状降水帯の維持メカニズムから説明する．30 分ごとの降水強度分布（図 3.19(a)）をみると，複数

の積乱雲群（A〜G）が約30分ごとに山口県と広島県の県境付近で次々と発生し，北東に移動しながら南西から北東方向に線状にのび，それらが連なることで長さ約100 kmの線状降水帯を形成・維持していたことがわかる．このように新たな積乱雲群もその進行方向の上流側（逆側）で次々と発生し，積乱雲群のバックビルディング型形成で線状降水帯を構成している．すなわち積乱雲から線状の積乱雲群，積乱雲群から線状降水帯の2つの発生過程はどちらもバックビルディング型形成による（図3.18(c)，口絵3(c)）．

　　ここで，集中豪雨により土砂災害が引き起こされた近傍の広島市三入アメダス地点（図3.19(a)の破線の交点）での雨の降り方をみてみる．10分降水量

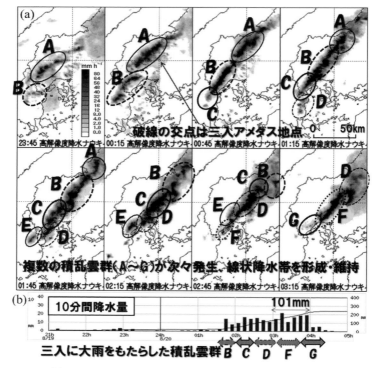

図3.19　(a) 2014年8月19日23時45分〜20日03時15分（30分ごと）の降水強度分布（mm h^{-1}），および (b) 8月19日21時〜20日05時の広島市三入アメダス地点の10分降水量（mm，棒グラフ，左目盛）と積算降水量（mm，線グラフ，右目盛）の時系列（Kato, 2020）

の時系列（図3.19(b)）をみると，次々と発生した5つの積乱雲群（B・C・D・F・G）が三入上空を通過して，それぞれの積乱雲群が20〜30分の間に10分降水量で10〜20 mm の降水をもたらし，途切れることなく強雨が持続し，200 mm を超える大雨になっていることがわかる．このように，積乱雲群が次々と発生して線状降水帯が停滞したことで大雨につながった．

3.5.4 ▎線状降水帯の予測

　数値モデルで積乱雲を直接再現するためには，図3.4に示した積乱雲の構造や降水過程を表現する必要がある．気象庁が現業運用しているメソモデル（水平解像度：5 km）と局地モデル（水平解像度：2 km）では，雲粒，雲氷，雨粒，雪，あられを直接予報する降水過程（微物理過程）が導入されている．微物理過程の詳細は吉崎・加藤（2007）などの教科書を参照していただきたい．一方，水平スケール10 km 程度の積乱雲の構造，すなわち積乱雲中に存在する上昇気流と下降気流を別々に表現するためには，少なくとも2 km 程度の水平解像度が必要となる．なお，5 km 水平解像度のメソモデルでは積乱雲を直接表現することができないので，積乱雲によって降水を作り出す効果を別途取り入れる手法を採用している．この手法は対流のパラメタリゼーションとよばれる．

　ここでは，2014年8月20日の広島市での大雨事例を対象に，5 km，2 km，1 km，500 m と250 m 水平解像度の数値モデル（以降「5 km モデル」等と略す）による線状降水帯とその線状降水帯を構成する積乱雲の再現性を調査した研究（Kato, 2020）を紹介する．数値モデルには気象庁非静力学モデル（Saito *et al.*, 2006），初期値には8月19日18時の気象庁局地解析を用いた．気象庁非静力学モデルは当時，メソモデルおよび局地モデルとして現業運用されていた．また局地解析では，日本域を対象に3次元変分法により観測データを同化することで，もっともらしい大気状態を推定している．

　図3.12(b)とほぼ同じ時間帯の3時間降水量の予報結果を図3.20(a)〜(c)に示す．2 km と250 m モデル（図3.20(b)と(c)）では，発生位置だけでなく，形状や降水量も含めて，線状降水帯をほぼ完璧に予報できている．一方，5 km モデル（図3.20(a)）では広島県の瀬戸内沿岸部付近に30 mm 程度の降水量を予想はしているものの，線状降水帯はまったく予想できていない．この

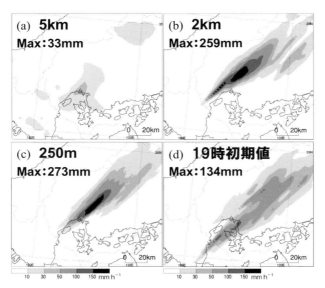

図 3.20　(a) 5 km，(b) 2 km と (c) 250 m 水平解像度の数値モデルが
予想した 2014 年 8 月 20 日 04 時 30 分までの 3 時間積算降水量
分布（初期値：19 日 18 時），および (d) (b) と同じ，ただし初
期値は 19 日 19 時（Kato, 2020）

ことから，少なくとも 2 km モデルを用いれば，広島市での大雨事例は予想で
きることが示唆される．ただ，2 km モデルでも必ずしも線状降水帯を予想で
きるわけではない．1 時間後の 19 時の気象庁局地解析を初期値とした場合の
2 km モデルによる予想結果を図 3.20(d) に示す．線状降水帯らしきものは予
想されているが，観測された降水分布（図 3.12(b)）に比べて，降水域が東西
に広がり，降水量も半分程度になっている．この原因は，実際とは異なって，
西から大気下層に相対的に乾いた空気が流入し，雨滴の蒸発が促進されること
で冷気外出流が強化されて，繰り返し発生する積乱雲群の発生位置が徐々に東
側に移動したためであった．また，4 時間後（22 時）の初期値の場合には，線
状降水帯らしきものも予想されなくなり，降水量も 30 mm 程度になった．線
状降水帯を含めて正確な予想をするためには，より正確な初期値が必要であり，
通常では観測時刻に近い初期値がよりもっともらしい．しかし，この事例のよ
うに，必ずしもそのようになっていない場合がある．解析値も含めて数値予報

資料を用いて議論する際には，上記のことに留意する必要がある．

　線状降水帯の構造を再現するためには，どの程度の水平解像度が必要なのかを確認するために，線状降水帯が形成された20日1時の2kmと250mモデルによる再現結果（図3.21）をみてみる．両モデルともに，南西から北東にのびる線状降水帯を再現できている．ただ2kmモデル（図3.21(a)と(c)）では，1つの積乱雲に対応する降水域が広く，個々の積乱雲を十分再現することができていない．その一方，250mモデルでは図3.18(a)と(b)で示した積乱雲群AとBに対応するもの（図3.21(b)の積乱雲群A′とB′）だけでな

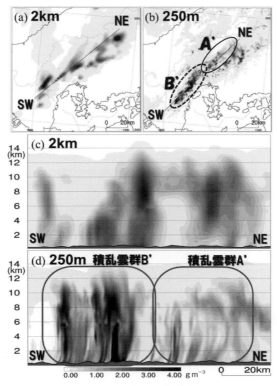

図3.21　**(a)** 2kmと **(b)** 250m水平解像度の数値モデルが予
　　　　 想した高度2kmの降水物質（雨，あられ，雪）量の
　　　　 分布（g m⁻³），および **(c)**, **(d)** **(a)** と **(b)** の図中に
　　　　 おける **SW-NE** 線分上の鉛直断面図（**Kato, 2020**）
　　　 モデルの初期値は2014年8月19日18時で，20日1時の予報結果．

く，積乱雲群内の構造（図 3.21(d)）も的確に再現できている．500 m モデルでは 250 m モデルの結果に近く，1 km モデルでは 2 km と 250 m モデルの中間的な結果となった．このことから線状降水帯の構造を議論するためには，少なくとも 500 m 程度の高解像度の数値モデルを用意することが必要である．

3.6 ┃ 大雨の統計的調査

　前述のように，集中豪雨，および集中豪雨をもたらす線状降水帯については，災害に直結するために一般的に量的な定義がなされていない．それゆえに，統計的な調査を行うためには，調査ごとに量的な定義を行う必要がある．そのため，調査結果はその定義に従うので，定義によっては異なる結果が導き出される．ただ，対象となる大雨事例数に差は生じるものの，調査結果の定性的な特徴（たとえば，集中豪雨に対する線状降水帯事例の割合など）に大きな違いが生じるとは考えられない．この節では，気象庁解析雨量を用いて，集中豪雨事例を客観的に抽出し，その特徴を統計的に調べた津口・加藤（2014）および Kato（2020）の調査結果を紹介する．また，地球温暖化時に大雨が増えることが予想されているが，それに関して近年の大雨発生頻度の経年変化と将来予測についても言及する．

3.6.1 ┃ 集中豪雨の統計的調査

　津口・加藤（2014）は 1995〜2009 年 4〜11 月の解析雨量を用いて，集中豪雨事例を客観的に抽出し，その特徴を統計的に調べた．その抽出方法は図 3.22 で示したフローチャートに従い，24 時間降水量と 3 時間降水量で判断し，そのうえで同一事例を除外した．24 時間降水量では，地域差を考慮するため統計期間内の年平均期間降水量の 12% を基準とし，全期間中の上位 50 位以内とした．3 時間降水量では，基準となる降水量の最小値を全国一律に設定した．それぞれの基準値（12%，130 mm）は任意性があり，ここでは統計解析の手間を考えて，抽出数が年間 20 事例程度になるように設定した．この設定でも表 3.1 で示した顕著な集中豪雨事例は見逃しなく抽出できているので，設定値は妥当な値の範囲だと考えられる．ここでは，同じ方法で統計期間を 1989〜

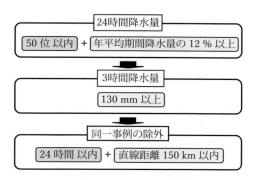

図 3.22 津口・加藤（2014）による集中豪雨事例の抽出方法
直線距離は，極大値をもつ格子間の距離．

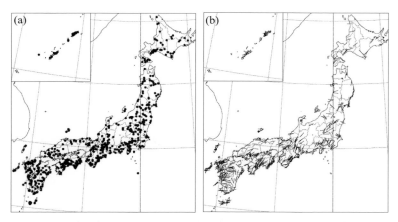

図 3.23 Kato（2020）による 1989～2015 年の期間に抽出された (a) 集中豪雨事例と, (b) 線状降水帯事例の分布図
（b）の線の向きは線状降水帯の走向を示す．

2015 年にした Kato（2020）の結果を示すことにする．

　抽出された集中豪雨事例の分布（図 3.23(a)）をみると，関東地方よりも西の太平洋側での発生地点数が多く，この領域で集中豪雨が多発しているという一般的な認識と一致していることが確認できる．一方で，日本海側や北海道，東北地方および内陸部でもある程度の事例数が抽出されている．ただ，海上から大量の下層水蒸気の流入が生じにくい長野県や瀬戸内地方の岡山県や香川県ではほとんど集中豪雨事例が抽出されていない．この原因は，4.2 節で説明す

るように，大雨をもたらす下層水蒸気は高度 1 km 以下に多く蓄積されており，風上側にある山岳が下層水蒸気の流入を阻害するためである．また，日本海側での集中豪雨をもたらす下層水蒸気は東シナ海から対馬海峡を通り，日本海に流入する必要があり，そのようなケースでは梅雨末期のように太平洋高気圧が日本列島の南側で強まりつつあるような気圧配置になっている．詳細は 5 章の梅雨期の集中豪雨で述べる．

3.6.2 ▌ 集中豪雨と線状降水帯の出現特徴

Kato（2020）によって抽出された集中豪雨事例において，最大 3 時間降水量が観測されたとき，3 時間降水量 50 mm 以上の領域分布の縦横比が 2 以上になるケースを線状降水帯事例とした場合の発生地点分布を図 3.23(b)（口絵 2 参照）に示す．図中の線の向きで，線状降水帯の走向を示している（口絵 2 では走向を 4 方位でカラー表示）．図からも大まかにわかるように，東日本や北日本では集中豪雨事例に対する線状降水帯事例の割合が小さく，4 割程度である．一方，四国や九州ではその割合は大きくて 6 割を超える．全体では表 3.2 で示しているように集中豪雨事例の約半分が線状降水帯事例である．また，この割合は，線状降水帯事例を判断した降水領域の閾値を 3 時間降水量 30 mm や 70 mm にしてもほとんど変わらない．

線状降水帯の走向（図 3.23(b)，口絵 2）をみると，南西-北東方向（～44%）が最も多く，九州北部や四国地方，紀伊半島ではその方向が特に顕著である．九州全域では東西方向の走向を持つ線状降水帯も多くみられる．一方，新潟県周辺でみられる北西-南東方向は全領域ではわずか 7% である．これらの走向は地形と下層水蒸気の流入方向を決める気圧配置の影響を強く受けている．また，大雨をもたらす積乱雲を発生させるためには，2.2 節で述べたように，相当温位の高い暖湿気塊の流入が必要で，基本的には暖気移流場になっている．暖気移流場であれば，3.3.3 項で説明したように風向は上空に向かって時計回りに回転している．このことから，発生した積乱雲は大気下層の暖湿気塊の運動量をある程度維持しながら，上空の風に流されることになり，その積乱雲によって組織化された線状降水帯は下層の暖湿気塊の流入方向に対して時計回りに回転した方向に組織化されることになる．梅雨期では 5.1 節で述べる

ように，下層の暖湿気塊が太平洋高気圧の縁を回るように太平洋から東シナ海を経由して九州に流入する．このときの暖湿気塊の風向は南〜南西風であるので，九州で観測される線状降水帯の走向は北東〜東方向を向くことになる．四国地方や紀伊半島では九州の地形がブロックして南西風の暖湿気塊の流入を阻害するので，線状降水帯が発生するときは主に南よりの風になり，結果として線状降水帯の走向は北東方向を向くことになる．日本海側での大雨は対馬海峡を下層水蒸気が通過する必要があるため，通過時の風向は南西風になり，日本海側での線状降水帯の走向はその風向が時計回りに回転した東向きになる．さらに新潟付近に達するときには暖湿気塊の流入方向は西よりになり，結果として線状降水帯は南東方向を向くことになる．

　梅雨期では梅雨前線付近で，8月から10月にかけては台風の影響を受けて日本列島周辺では大雨が発生することが多い．そこで，気圧配置，すなわち総観場で分類した集中豪雨・線状降水帯事例の発生数を表3.2に示す．分類において複数の総観場がみられた場合，台風・熱帯低気圧の分類を最優先として，それ以外では集中豪雨から一番近い総観場を選択した．集中豪雨は台風・熱帯低気圧本体周辺（中心から500 km以内）で発生することが一番多く，全体の32%である．続いて，梅雨前線や秋雨前線といった停滞前線付近が22%である．台風・熱帯低気圧の遠隔（中心から500 km以上，1500 km以内）での集中豪雨事例も多く，全体の17%になる．台風・熱帯低気圧の遠隔での降雨事例は，

表3.2　1989〜2015年の期間に抽出された集中豪雨事例と線状降水帯事例の総観場別分類とその割合（Kato, 2020）

総観場：擾乱との距離関係	集中豪雨事例数：A	線状降水帯事例数：B	割合（%）：B/(A＋B)
低気圧：500 km以内	97	45	46
寒冷前線：200 km以内	43	31	72
停滞前線：500 km以内	159	108	68
台風・熱帯低気圧本体：500 km以内	229	75	33
台風・熱帯低気圧遠隔：500〜1500 km以内	124	76	61
上記以外	63	23	37
合計	715	358	50

PRE（predecessor rain event）とよばれることがある（北畠，2012）.

　線状降水帯事例数をみると，すでに述べたように全体では集中豪雨事例の約半数が該当するが，台風・熱帯低気圧本体周辺での発生数の割合は集中豪雨では全体の32%だったが20%程度になり，集中豪雨に対する線状降水帯の割合は1/3と総観場別では一番小さくなる．これは，線状の降水システムが生じても，台風・熱帯低気圧本体にともなって移動することが多いためであり，数時間の積算降水量分布では線状降水帯と判断されないためである．線状降水帯が一番発生する総観場は停滞前線付近で，集中豪雨に対する線状降水帯の割合は2/3を超える．それ以上の高い割合（〜72%）が，事例数は少ないものの寒冷前線付近での発生に見出される．また，台風・熱帯低気圧から500〜1500 km離れた遠隔で発生する集中豪雨でも線状降水帯事例数が多く，その割合も高い（〜61%）．たとえば，2000年9月11日に発生した東海豪雨や2015年9月9〜11日の関東・東北豪雨は台風からの遠隔事例に当てはまり，台風から離れているからという理由で安心することはできない．台風・熱帯低気圧本体周辺を除くと，津口・加藤（2014）で示されているように，集中豪雨の2/3が線状降水帯事例となる．

　月別の集中豪雨事例と線状降水帯事例の割合（図3.24）をみると，集中豪雨の発生数では9月が一番多く，台風・熱帯低気圧本体周辺またはその遠隔で発生するものが約70%である．8月も9月と同程度に集中豪雨が発生していて，台風・熱帯低気圧の影響がある集中豪雨が全体の55%に上る．ただ，前述の

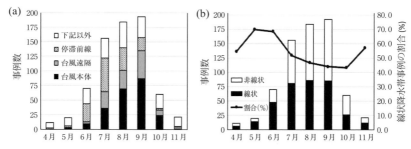

図3.24　(a) Kato（2020）による1989〜2015年の期間に抽出された集中豪雨の月別事例数とその内訳，および (b) (a) と同じ，ただし線状と非線状の分類とその割合（%，線グラフ，右目盛）

ように台風・熱帯低気圧本体近傍の集中豪雨に占める線状降水帯事例数の割合は小さいため，台風・熱帯低気圧の影響を多く受ける8月から10月は線状降水帯事例の割合は45%前後になっている．梅雨前線付近で大雨が頻発する6月・7月では，集中豪雨のうち停滞前線による事例数が全体の44%，37%となっていて，台風の影響が小さい6月では集中豪雨に占める線状降水帯事例数の割合は69%になる．特に，6月の停滞前線では線状降水帯事例数の割合は93%（30事例中，28事例）に達し，6月の梅雨前線付近で発生する集中豪雨のほとんどが線状降水帯によるものであることが示唆される．また，事例数は少ないが，5月も線状降水帯事例数の割合（〜70%）が高く，低気圧周辺での線状降水帯発生数が多い．

3.6.3 ▌ 大雨発生頻度の気候変化と将来予測

治水対策や情報伝達の発達により，同規模の大雨であれば被害は軽減されてきているが，実際に極端な大雨がどのように変化してきているのかを気象庁のアメダス地点の観測値を用いた調査結果（加藤，2022）に基づいて紹介する．

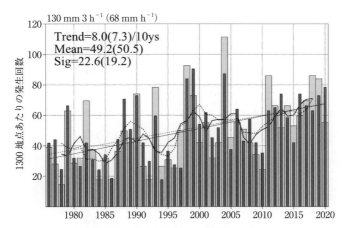

図 3.25　アメダス観測値による集中豪雨（3 時間降水量 130 mm 以上，細黒棒および実線）と短時間強雨（1 時間降水量 68 mm 以上，灰太棒および破線）の 1300 地点あたりの年間発生回数の気候変化（加藤，2022）

折れ線は 5 年移動平均，直線は長期変化傾向（Trend），Mean は年平均回数，Sig は標準偏差．

集中豪雨事例として3時間降水量130 mm以上，その発生数と同程度になる1時間降水量68 mm以上の短時間強雨の年間発生回数の経年変化を図3.25に示す．1970年代と比較すると集中豪雨も短時間強雨も近年1.5倍程度に増えてはいるが，1998年以降では増加傾向ははっきりしない．また，1998年から2014年の期間に対しては，地球上で地表面温度の上昇傾向もみられず，この状態は地球温暖化の停滞（ハイエイタス）とよばれている（渡部，2014）．その要因として，10年規模の気候変動が影響していると考えられている．

　次に，図3.26に線状降水帯による集中豪雨が多い梅雨期（7月）での集中豪雨（細黒棒と実線）と短時間強雨（灰太棒と破線）の経年変化を示す．年間発生回数にみられる1998年以降の停滞期はなく，集中豪雨も短時間強雨も近年顕著に増加していることがわかる．45年間の長期増加傾向を見積もると集中豪雨が3.8倍，短時間強雨が2.8倍増加していることになる．大雨が最近多くなっているように報道されているのは，気象庁以外の地方自治体などの降水量観測地点での報告が増えているのと，気象レーダーによる推定値である解析雨量に基づいて，頻繁に記録的短時間大雨情報が発表されるようになったことも原因だと考えられるが，梅雨期での集中豪雨が顕著に増加していることが根本にある．

　2021年末までに気象庁の気象官署またはアメダスで観測された最大1時間

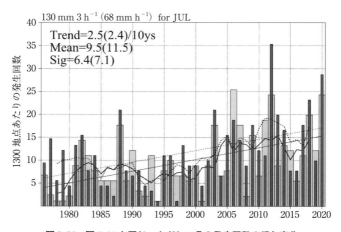

図3.26　図3.25と同じ，ただし7月の発生回数の経年変化

降水量上位 20 位（表 3.3）から極端な大雨事例の観測日時をみてみる．20 年単位で比較すると，1979 年以前が 5 事例，1980〜1999 年が 6 事例，2000 年以降が 9 事例と極端な大雨は近年増えている．しかし，全国約 1300 か所に設置されているアメダスの運用開始は 1974 年 11 月であり，それ以前は全国の地方気象台など約 150 か所で，現在の観測地点数の約 10% に限定され，アメダスの運用開始前後で観測地点数に大きな差がある．そこで，アメダス設置前からの観測点だけに着目すると，上位 20 位から 8 事例（＊が付いている観測所）が抽出され，そのうち 1979 年以前が 5 事例であり，極端な大雨は昔から発生していることがわかる．また，歴代 1 位の千葉県香取（旧名：佐原，口絵 1(b) 参照）や歴代 4 位の熊本県甲佐（口絵 1(d) 参照）は線状降水帯による大雨であり，1989 年以前は解析雨量のデータがないためにすべては確認できないものの，上位 20 位の大雨事例の多くは線状降水帯によって引き起こされている．

　今後のさらなる地球温暖化にともなって日本周辺では大雨が増え，雨が強くなることが予想されている（文部科学省・気象庁，2020）．この予想の大きな要因は，2.1.1 項で説明したように地表付近の気温が上昇すると大気下層に含まれうる水蒸気量が増えることである．具体的に示すと，地上付近（〜1000 hPa）での気温に対する大気 1 kg に含まれうる水蒸気量は 20℃ なら

表 3.3　気象庁の観測地点で過去に観測された最大 1 時間降水量上位 20 位（2021 年末時点）

順位	都道府県	観測所	観測値		順位	都道府県	観測所	観測値	
			mm	観測日				mm	観測日
1	千葉県	香取	153	1999.10.27	11	鹿児島県	古仁屋	143.5	2011.11.2
	長崎県	長浦岳	153	1982.7.23	12	山口県	山口*	143	2013.7.28
3	沖縄県	多良間	152	1988.4.28	13	千葉県	銚子*	140	1947.8.28
4	熊本県	甲佐	150	2016.6.21	14	宮崎県	宮崎*	139.5	1995.9.30
	高知県	清水*	150	1944.10.17	15	三重県	宮川	139	2004.9.29
6	高知県	室戸岬*	149	2006.11.26		沖縄県	与那覇岳	139	1980.9.24
7	福岡県	前原	147	1991.9.14		三重県	尾鷲*	139	1972.9.14
8	愛知県	岡崎	146.5	2008.8.29	18	鹿児島県	小宝島	138.5	2018.9.24
9	沖縄県	中筋	145.5	2010.11.19	19	山口県	須佐	138.5	2013.7.28
10	和歌山県	潮岬*	145	1972.11.14	20	沖縄県	宮古島*	138	1970.4.19

＊はアメダスが運用開始する（1974 年 11 月）以前から存在していた観測地点（気象台など）．

$15\,\mathrm{g\,kg^{-1}}$ であり，$30℃$では $27\,\mathrm{g\,kg^{-1}}$ となり，$10℃$の気温上昇で倍近くになる．気温上昇 $1℃$ でも約 7% の増加になる．このように，わずかな気温上昇でも下層大気中に含まれうる水蒸気量は急激に多くなる．このことから，今後さらなる温暖化により地上付近の気温が上昇することで，大雨は増えることが容易に予想できる．また，表 3.3 で示した極端な大雨の上位 20 位の発生場所は，関東地方よりも西側の地域に限られているが，これについても地球温暖化が進めば，北日本でも大気下層の水蒸気量が増加することで大雨が発生しやすくなるので，日本列島のどこで極端な大雨が発生しても不思議ではない状態になることが予想される．

　大雨をもたらす下層水蒸気は日本列島周辺の海上から流入するので，大雨の発生は海面水温の影響を強く受ける．日本近海での平均海面水温の推移（図 3.27（a））をみると，100 年間で $1℃$ 以上上昇していることがわかる．この海面水温の上昇は図 3.25 で示した短時間強雨の増加傾向とよく対応している．海面水温が上昇すると，海上の気温も上昇することで，その大気下層に含まれうる水蒸気量が多くなる．水蒸気が多くなった大気下層の空気が日本列島に流入することで，大雨が増加すると説明できる．たとえば，1998 年に海面水温が急激に高くなったことが，1 時間降水量 $68\,\mathrm{mm}$ 以上の年間発生回数（図 3.25）がその後増加した要因の 1 つと考えられる．また 2016 年以降，海面水温が高

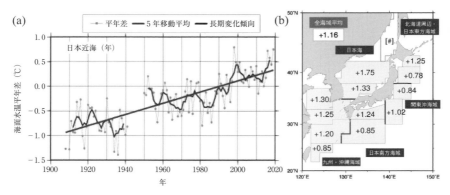

図 3.27　(a) 日本近海の全海域平均海面水温（年平均）の平年差の推移と，(b) 海域ごとの上昇率（℃ /100 年）（気象庁作成）

平年値は 1981〜2010 年の 30 年間の平均値．

い状態が続いていることから，今後短時間強雨の増加，特に日本近海の北側ほど海面水温の長期上昇傾向（図3.27(b)）がみられることから，今まで大雨の発生頻度が低い北日本での増加が懸念される．なお，線状降水帯による集中豪雨の気候学的な増加傾向はその発生を判断するための解析雨量が1990年頃からしか蓄積されていないので，その特徴を見出すことができない．ただ，大雨の増加が予想されていることから，線状降水帯による集中豪雨も将来増加すると考えられる．

文 献

[1] Benjamin, T. B., 1968 : Gravity currents and related phenomena. *J. Fluid Mech.*, **31**, 209-248.

[2] Bluestein, H. B. and M. H. Jain, 1985 : Formation of mesoscale lines of precipitation : Severe squall lines in Oklahoma during the spring. *J. Atmos. Sci.*, **42**, 1711-1732.

[3] Davies-Jones, R. P., D. W. Burgess and M. Foster, 1990 : Test of helicity as a tornado forecast parameter. Preprints, 16 th Conf. on Severe Local Storms, Kananaskis Park, AB, Canada, Amer. Meteor. Soc., 588-592.

[4] Fovell, R. G. and Y. Ogura, 1988 : Numerical simulation of midlatitude squall line in two-dimensions. *J. Atoms. Sci.*, **65**, 215-248.

[5] Fujita, T. T., 1981 : Tornadoes and downbursts in the context of generalized planetary scales. *J. Atmos. Sci.*, **38**, 1512-1534.

[6] Gunn, R. and G. D. Kinzer, 1949 : The terminal velocity of fall for water droplets in stagnant air. *J. Meteor.*, **6**, 243-248.

[7] 石原正仁，2012：2008年雑司が谷大雨当日における積乱雲群の振舞いと局地的大雨の直前予測I－3次元レーダーデータによる積乱雲群の統計解析－．天気，**59**，549-561.

[8] Kato, T., 2005 : Statistical study of band-shaped rainfall systems, the Koshikijima and Nagasaki lines, observed around Kyushu Island, Japan. *J. Meteor. Soc. Japan*, **83**, 943-957.

[9] Kato, T., 2006 : Structure of the band-shaped precipitation system inducing the heavy rainfall observed over northern Kyushu, Japan on 29 June 1999. *J. Meteor. Soc. Japan*, **84**, 129-153.

[10] Kato, T., 2020 : Quasi-stationary band-shaped precipitation systems, named "senjo-kousuitai", causing localized heavy rainfall in Japan. *J. Meteor. Soc. Japan*, **98**, 485-509.

[11] 加藤輝之，2020：2006年11月7日に発生した佐呂間竜巻．気象研究ノート，**243**，135-147.

[12] 加藤輝之，2022：アメダス 3 時間積算降水量でみた集中豪雨事例発生頻度の過去 45 年間の経年変化．天気，**69**，247-252.

[13] Kato, T. and H. Goda, 2001：Formation and maintenance processes of a stationary band-shaped heavy rainfall observed in Niigata on 4 August 1998. *J. Meteor. Soc. Japan*, **79**, 899-924.

[14] Kato, T. and K. Aranami, 2005：Formation factors of 2004 Niigata-Fukushima and Fukui heavy rainfalls and problems in the predictions using a cloud-resolving model. *SOLA*, **1**, 1-4.

[15] 北畠尚子，2012：PRE (Predecessor Rain Event)．天気，**59**，171-172.

[16] 北畠尚子，2019：総観気象学基礎編，気象庁，348 pp.

[17] 京都府砂防協会，2004：京都府の昭和 28 年災害，京都府砂防協会，192 pp.

[18] Maddox, R. A., 1980：Mesoscale convective complex. *Bull. Amer. Meteor. Soc.*, **61**, 1374-1387.

[19] 牧原康隆，2020：気象防災の知識と実践（気象学ライブラリー 1），朝倉書店，164 pp.

[20] 水野　量，2000：雲と雨の気象学（応用気象学シリーズ 3），朝倉書店，196 pp.

[21] 文部科学省・気象庁，2020：日本の気候変動 2020－大気と陸・海洋に関する観測・予測評価報告書－．http://www.data.jma.go.jp/cpdinfo/ccj/index.html.

[22] Nakajima, K. and T. Matsuno, 1988：Numerical experiments concerning the origin of cloud clusters in the tropical atmosphere. *J. Meteor. Soc. Japan*, **66**, 309-329.

[23] 小倉義光，1997：メソ気象の基礎理論，東京大学出版会，289 pp.

[24] Orlanski, I., 1975：A rational subdivision of scales for atmospheric processes. *Bull. Amer. Meteor. Soc.*, **56**, 527-530.

[25] Saito, K. T. Fujita, Y. Yamada, J. Ishida, Y. Kumagai, K. Aranami, S. Ohmori, R. Nagasawa, S. Kumagai, C. Muroi, T. Kato, H. Eito and Y. Yamazaki, 2006：The Operational JMA Nonhydrostatic Mesoscale Model. *Mon. Wea. Rev.*, **134**, 1266-1297.

[26] 瀬古　弘，2005：1996 年 7 月 7 日に南九州で観測された降水系内の降水帯とその環境．気象研究ノート，**208**，187-200.

[27] 津口裕茂，加藤輝之，2014：集中豪雨事例の客観的な抽出とその特性・特徴に関する統計解析．天気，**61**，455-469.

[28] 渡部雅浩，2014：ハイエイタス．天気，**61**，51-53.

[29] Yoshizaki, M. and H. Seko, 1994：A retrieval of thermodynamic and microphysical variables by using wind data in simulated multi-cellular convective storms. *J. Meteor. Soc. Japan*, **72**, 31-42.

[30] 吉﨑正憲，加藤輝之，2007：豪雨・豪雪の気象学（応用気象学シリーズ 4），朝倉書店，187 pp.

CHAPTER 4
大雨の発生要因

4.1 海上での下層水蒸気場の形成過程

　大雨の発生には，大量の水蒸気流入が必要不可欠である．なぜなら，2.2 節で説明したように下層の水蒸気が上空に持ち上げられ積乱雲が発生し，凝結によって生じる浮力で強い上昇気流が積乱雲中に作られ，その上昇気流で大気下層から水蒸気がさらに上空に輸送・凝結することで大量の降水が作られるからである．大量の下層の水蒸気は，日本列島の周囲が海に囲まれているため，必ず海上から流入する．なお，中国などの大陸の内陸部では，田園などからの水蒸気供給も無視できない（Shinoda *et al.*, 2005）．この章ではまず，陸上での大気境界層（atmospheric boundary layer）の発達と対比させて，大雨をもたらす水蒸気が海上でどのように蓄えられるかを説明する．また，大雨が頻発する九州に水蒸気をもたらす東シナ海上での海面からの水蒸気の蒸発（潜熱フラックス）の影響などについても具体例をあげて解説する．

4.1.1 水蒸気浮力による対流混合層の形成

　陸上の地表面が日射で加熱されると，地表面付近の空気がまず温められ，温位 θ が高くなることで，1.4 節で説明した絶対不安定な大気状態 $\Delta\theta/\Delta z < 0$ が生じる．この絶対不安定の状態を解消するために，熱伝導・熱拡散や乾燥対流が生じ，θ が一定の中立な鉛直成層が大気下層に作られる．この成層は大気境界層とよばれ，地表面付近の気温上昇が大きいほど，大気境界層はより発達することになる．標準大気（気温減率：$-\Delta T/\Delta z = 6.5 \times 10^{-3}$℃ m^{-1}）を考えることで，大気境界層の発達高度を見積もってみる．気温減率と温位の鉛直傾度（$\Delta\theta/\Delta z$）の関係は（1.6）で与えられるので，標準大気では $\Delta\theta/\Delta z = 3.3 \times 10^{-3}$

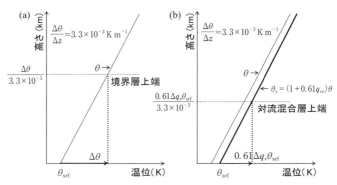

図 4.1 (a) 大気境界層と (b) 対流混合層の発達を示した模式図
細線は標準大気の場合の温位 θ の鉛直プロファイル，(b) の太線は一定の混合比 q_{vo} を持つ場合の仮温位 θ_v の鉛直プロファイルを示す．θ_{srf} は地表面での θ．

℃ m^{-1} になる．この一定の温位の鉛直傾度を持つ大気で，図 4.1(a) のように地表面付近の温位が $\Delta\theta$ 上昇した場合を考える．温位上昇により図の横破線の高度まで，上空の温位と地表面付近の温位差は負になり，その間では絶対不安定な大気状態となる．この不安定な状態を解消するためには，縦点線のように θ が鉛直方向に一定の中立な成層，すなわち大気境界層が作られる必要があり，その上端高度は $\Delta\theta/(3.3\times10^{-3}$℃ m$^{-1})$ で見積もることができる．たとえば，地表面付近の温位が 10 K（1000 hPa では気温 10℃）上昇すれば，大気境界層の上端高度は約 3 km になり，大気境界層はその高度まで発達できる．なお，通常の大気境界層の発達では，夜間冷却によって生じる地表面付近の温位の鉛直傾度が大きい強安定層を解消しつつ発達するので，上記ほどの上端高度に達することはない．

　陸上では，地表面付近の気温が日射により 10℃ 程度上昇することは頻繁に観測されるが，海上ではどうだろうか．海面も陸上と同じように日射により温められる．しかし，海水の熱容量が非常に大きいために海面水温の日変化は，風が弱いときには 1℃ 以上になる場合もあるが，通常は 0.2〜0.8℃ と非常に小さい（萩野谷ほか，1993）．そのため，海上での気温の日変化も小さく，太平洋上の気象観測ブイの計測値によれば 0.3〜0.8℃ 程度である（岩坂，2009）．この変化では，温位を用いて見積もられる大気境界層の発達高度は 200 m ほどにしかならない．しかし海上では，温位を用いて説明できる大気境界層と

は異なる対流混合層（convective mixing layer，または convective mixed layer）が発達し，その発達のメカニズムの違いは下に述べるように水蒸気を含む空気と乾燥大気の重さの違いに要因がある.

　同一圧力，同一温度，同一体積のすべての種類の気体には同じ数の分子が含まれるというアボガドロ（Avogadro）の法則により，水蒸気を大量に含んでいる空気ほど軽くなる. なぜなら，水蒸気（H_2O）のモル質量は $18\,\mathrm{kg\ kmol^{-1}}$ であり，乾燥空気（おおよそ 3/4 が N_2, 1/4 が O_2）のその質量（$\sim 29\,\mathrm{kg\ kmol^{-1}}$）よりも小さいためである. また，水蒸気が乾燥空気よりも軽いことで得られる浮力は水蒸気浮力とよばれる. この水蒸気浮力の効果を考慮した温度と温位が仮温度 T_v および仮温位 θ_v であり，2.3.4 項で導出したように，水蒸気の混合比を q_v とあると，それぞれ $T_\mathrm{v} \equiv (1 + 0.61 q_\mathrm{v})\,T$ と $\theta_\mathrm{v} \equiv (1 + 0.61 q_\mathrm{v})\,\theta$ で定義される. θ_v は θ 同様に，水蒸気が凝結しない限り保存量として取り扱うことができ，水蒸気が多いほど高くなる.

　陸上での大気境界層の形成と同じ原理で，θ を θ_v に置き換えて作られた θ_v が鉛直方向に一定となる中立な成層が海上で作られる対流混合層である. この対流混合層は冬季日本海上での気団変質過程において，海から顕熱および潜熱（水蒸気）が大気側に大量に輸送され，対流が発生することでも作られる（Nakamura and Asai, 1985）. また，海洋分野でも対流混合層という言葉が用いられるが，海面からある深さまで海水が不規則な対流によりよくかき回されている層のことで，定義が異なる.

　海上の対流混合層の発達高度を見積もってみる. 大気境界層での見積もりと同様に，標準大気を考える. q_v は 1 よりもかなり小さいので，図 4.1(b) のように一定の q_vo を持つ場合，θ_v の鉛直傾度（$\Delta\theta_\mathrm{v}/\Delta z$）は温位の鉛直傾度とほぼ同じ（$3.3 \times 10^{-3}\,\mathrm{K\ m^{-1}}$）になる. そして，海面付近の q_v が Δq_v だけ多い場合を考えると，海面付近の θ_v は $0.61 \Delta q_\mathrm{v}\theta_\mathrm{srf}$ 高くなる. ここで，θ_srf は海上での θ である. 図の縦点線となる，θ_v が一定となる高度，すなわち対流混合層の上端高度は図の横破線のように $0.61 \Delta q_\mathrm{v}\theta_\mathrm{srf}/(3.3 \times 10^{-3}\,\mathrm{K\ m^{-1}})$ で見積もることができる. なお，大気境界層の上端高度についても厳密には，水蒸気浮力を考慮して，θ_v が鉛直方向に一定となる中立な成層の形成に基づいて見積もる必要がある.

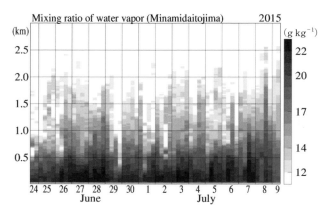

図 4.2　2015 年 6 月 24 日 21 時から 7 月 9 日 15 時までの南大東島での高層気象観測で観測された混合比の時間-高度断面図（Kato, 2018）

　　したがって，対流混合層は海面付近と上空との q_v の差（Δq_v）が大きいほど発達することができる．たとえば，太平洋上では高気圧にともなう下降気流により上空はかなり乾燥している．これは，より上空の水蒸気の少ない空気が下降気流により下層に運ばれてくるためである．一方，海面付近では海面から水蒸気が供給され続けているので q_v は 20 g kg^{-1} を超える場合もある．ここで，実際に観測された，太平洋上にある南大東島（面積約 30.5 km^2）での暖候期の q_v の時間-高度断面図（図 4.2）から対流混合層の上端高度を推定する．q_v は地表面付近では 22 g kg^{-1} を超え，高度 1 km では 12 g kg^{-1} 以下になることもあり，海面付近と高度 1 km 間のΔq_v はしばしば 10 g kg^{-1} 以上になっている．このようなΔq_v があるとき，対流混合層の上端高度は $\theta_{\mathrm{srf}} = 300$ K とするとおおよそ 550 m と推定できる．この高度は図 4.2 で特に大きな q_v（> 16 g kg^{-1}）が存在している上端高度とおおよそ一致していることがわかる．

4.1.2 ┃ 海面からの水蒸気供給と下層収束の影響

　　海上での下層水蒸気の形成として，前項で説明した水蒸気浮力による対流混合層の発達以外にも，高い海面水温 SST，強い下層風速と下層収束の 3 つが鍵を握る下層水蒸気の蓄積過程が存在する．海面から大気への水蒸気の輸送量（潜熱フラックス：LH）は，

$$LH = L_v C_q V_{srf}(q_{vs}(SST) - q_{vsrf}) \tag{4.1}$$

のようにバルク法で記述できる．ここで，L_v は水から水蒸気への蒸発熱，C_q は水蒸気のバルク係数（〜0.00125（近藤，1982）），V_{srf} は海上の風速（m s^{-1}），$q_{vs}(SST)$ は SST に対する飽和混合比（g kg^{-1}），q_{vsrf} は海上の大気の混合比（g kg^{-1}）である．（4.1）から SST が高いほど，V_{srf} が大きいほど海上からの水蒸気の供給が大きくなることがわかる．LH の平均的な値は，冬季日本海上では 200 W m^{-2} 程度であり，暖候期の太平洋や東シナ海上ではその半分の 100 W m^{-2} ぐらいである．なお，冬季日本海上での強い寒気吹き出し時や梅雨期の大雨発生時などでは平均的な値の 2 倍以上になることがある．

　海面から大気への熱の輸送量（顕熱フラックス：SH）もバルク法で，

$$SH = C_{pd} C_T V_{srf}(SST - T_{srf}) \tag{4.2}$$

のように記述できる．ここで，C_{pd} は乾燥空気の定圧比熱，C_T は温度のバルク係数（C_q とほぼ同値で扱われることが多い），T_{srf} は海上の気温（℃）である．SH による加熱で T_{srf} が高くなると，その分だけ海上での飽和混合比が大きくなり，大気下層に水蒸気がより蓄えられる状態になる．上記のように海上の θ_v が高くなると，対流混合層の上端高度がより高くなるので，それだけ大気下層に水蒸気が蓄えられることになる．ただ SH の平均的な値は，冬季日本海上では LH と同程度であるが，暖候期の太平洋や東シナ海上では LH と比べると 1 桁ほど小さく，暖気移流が顕著な領域では負値になることがある．

　また，低気圧や下層メソ渦，下層メソトラフなどの気象擾乱が接近すると，下層風が強められ，（4.1）のバルク法で見積もられる海面からの水蒸気供給も大きくなる．さらに，これらの気象擾乱には通常，上昇気流場をともなっていることから下層収束が強められ，海面付近の空気塊が上空に運ばれやすくなるために，効率よく大気下層に水蒸気が蓄積されることになる．

　これらの過程を 2014 年 7 月 12 日の九州北部豪雨の事例を対象に具体的にみてみる．図 4.3(a) は 12 日 0 時の高度 1.13 km までの積算水蒸気量（濃淡，mm）と海面水温分布（等値線，℃）である．大雨が発生した熊本県に向かって，東シナ海上から大量の水蒸気が流入していることがわかる．時間を遡って，熊本の南西海上に存在していた空気塊を追跡した位置が日時（時間/日付）とともに図中の □ に示してある．これらの位置に空気塊が存在していたときの高

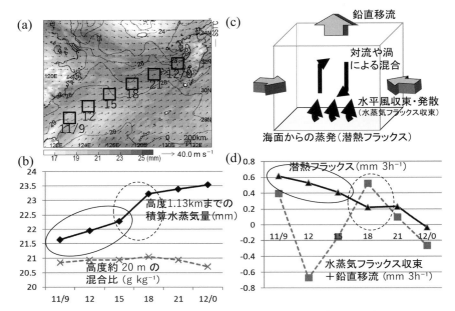

図 4.3 (a) 2014 年 7 月 12 日 0 時の高度 1.13 km までの積算水蒸気量（濃淡，mm），海面水温分布（等値線，℃）と同高度の水平風（ベクトル），(b) (a)の □ 領域（～100 km 四方）平均の高度 1.13 km までの積算水蒸気量（実線，mm）と地表から高度約 20 m の混合比（破線，g kg⁻¹），(c) 下層水蒸気の蓄積過程を示したボックス図，(d) (b)と同じ，ただし潜熱フラックス（実線，mm 3h⁻¹）と高度 1.13 km までのボックスでの水蒸気フラックス収束と鉛直移流の和（破線，mm 3h⁻¹）（気象庁メソ解析から作成）

度 1.13 km までの積算水蒸気量（以降「下層積算水蒸気量」と略す）および地表から高度約 20 m の混合比の時間変化をそれぞれ図 4.3(b) の実線と破線で示す．混合比は 11 日 18 時にかけてわずかに上昇しているが，その後は減っている．これは地表付近の風速および SST 分布と対応していて，九州に近づくにつれて風速は強まったが北緯 30° 以北では SST が低下していたためである（後者の関連付けは後述する）．下層積算水蒸気量は 15 時間に 10% 程度の増加で大したことがないと思われるかもしれないが，次節で説明する下層水蒸気場を代表する高度（～500 m）での相当温位は 357 K から 362 K へと 5 K も高くなり，積乱雲が非常に発達できる大気状態（5.3.2 項参照）に変質していた．

LH（図 4.3(d) の実線）をみると，11 日 15 時まででは海面からの蒸発はかなり大きいが，九州沿岸に達した 12 日 0 時になると負値になっており，空気

中の水蒸気が凝結して海面に付着するような状態であった．このことは空気塊の移動にともなう SST の低下と整合している．下層積算水蒸気量の増加は図4.3(c) のボックス図で示してあるように，海面からの蒸発（LH），ボックスへの水平風の収束・発散から見積もられる水蒸気フラックス収束，およびボックスから上空への鉛直移流の和で算出できる．厳密には，水蒸気量はボックス内で雲が生じれば減少し，降水が蒸発すれば増大するが，ここではそれらの影響は考えない．また，前項で説明したように，ボックス内は対流や渦によって θ_v が一定となるように対流混合層が形成される．積算水蒸気量の増加は，11日15時までは図4.3(d) の実線楕円で示した海面からの水蒸気供給が支配的であったが，18時での大きな増加（図4.3(b) の破線楕円）は水平風収束（図4.3(d) の破線楕円）による影響が大きかったことがわかる．このように，下層水蒸気場のベース（基本場）は水蒸気浮力によって作られているが，その基本場に他の下層水蒸気の蓄積過程が寄与することで，大雨につながることが多い．

4.2 ┃ 大雨をもたらす下層水蒸気場を代表する高度

　2.2節で説明したように，周囲との混合がなければ雲が生じたとしても，下層から持ち上げられた空気塊の相当温位は保存する．この特性を用いて，Kato and Goda（2001）や Kato（2006）は過去の大雨事例の数値シミュレーションの結果から，高度500 m 付近の空気塊が上空に持ち上げられることで大雨をもたらした積乱雲を発生させていたことを示した．また，前節で説明した対流混合層に対応する，相当温位の高い下層水蒸気の厚みは500 m〜1 km 程度であったことも示した．ただ，これらの結果は個々の事例に限定されたもので，大雨をもたらす積乱雲を発生させる水蒸気がどの高度から供給されているかは統計的には示されていない．さらに，観測によって，特に海上での水蒸気の動態を広範囲にとらえることは簡単ではない．この節では，大雨の数値シミュレーションで示された高度500 m の水蒸気場が大雨をもたらす下層水蒸気場を代表することの妥当性を示し，今まで下層水蒸気場の議論によく用いられてきた850 hPa 気圧面が，高度500 m の水蒸気場と対比させて，どのような特徴を持

つかを Kato（2018）に基づいて解説する.

4.2.1 ▎高度500 m の代表高度としての妥当性

　Kato（2018）では，積乱雲をおおむね再現できる水平解像度1 km の数値モデルを用いて，大雨をもたらす下層水蒸気場を代表する高度を統計的に推定した．図4.4(a) は数値シミュレーションの結果から，2008年7月の九州・四国領域を対象に統計的に調査した海上での雲底高度の出現頻度を示している．図中の濃淡および等値線に対応する数値は，上空から地表面に向けての雲底高度の出現頻度の積算値で，たとえば0.2の等値線はその高度より上空に雲底高度が20%出現し，残りの80%がその高度よりも下層に存在することを示している．また，横軸の数値はその数値で示した最大上昇気流（W_max）以上のケースであり，たとえば1は$W_\mathrm{max} \geqq 1\,\mathrm{m\,s^{-1}}$の場合である．ここで$W_\mathrm{max}$は，数値モデルの個々の1 km 水平格子に対応する鉛直コア（鉛直1次元の気柱（カラム））での上昇気流の最大値である．

　W_maxが強くなるほど雲底高度はより下層に出現するようになり，W_maxが$5\,\mathrm{m\,s^{-1}}$以上の場合には，その80%（0.2の等値線）は高度700 m 以下に存在することがわかる．図には示さないが，陸上での雲底高度は高度1 km 以下に多く解析されていた．雲底高度，すなわち持ち上げ凝結高度（LCL）は，積乱雲が発生する際に下層の空気塊を持ち上げたときの雲が生じ始める高度であ

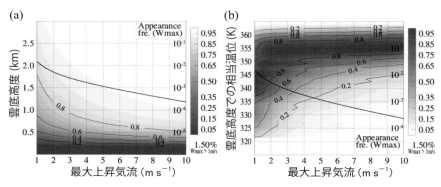

図4.4　2008年7月の九州・四国領域を対象として水平分解能1 km の数値モデルによる，(a) 積乱雲の雲底高度の出現頻度と，(b) 雲低高度での相当温位の出現頻度（Kato, 2018）

り，その空気塊は雲底高度より下層から必ず持ち上げられている．よって，積乱雲の発生させる水蒸気場は雲底高度より下層をみなければならないのと，ある程度の厚みをもった水蒸気場を代表させるためには，大雨発生の可能性の判断には高度 700 m よりも下層の高度 500 m 前後の水蒸気場を利用することが適していることになる．

2.4.1 項で述べたように，持ち上げる空気塊の相当温位が高いほど積乱雲が発生・発達しやすいので，大雨のもたらす下層水蒸気場は相当温位で判断するのが適切である．また，相当温位は保存量なので，雲底高度の相当温位で大雨発生時の目安を見出すことができる．図 4.4(b) は雲底高度での相当温位の出現頻度で，W_{max} ごとに出現頻度の最大値で規格化して表示している．この図から，W_{max} の増大に従って相当温位の高い値の出現頻度が増加していることがわかる．これは，下層から持ち上げられる空気塊の相当温位が高いほど，強い上昇気流を持つ積乱雲が発生しやすいことを示している．たとえば $10.0\,\mathrm{m\,s^{-1}}$ 以上の W_{max} を持つ発達した積乱雲の場合，相当温位が 355 K 以上のときに多く現れていることがわかる．この相当温位の値は，暖候期の九州・四国領域の大雨を診断的に予測するときに，下層水蒸気場の目安として利用することができる．

4.2.2 ▌ 850 hPa 気圧面が表現する水蒸気場の特徴

前項で大雨をもたらす下層水蒸気場として高度 500 m で判断することが適切であることを示した．ここでは，高度 500 m の相当温位 $500\mathrm{m}\theta_e$ の値を基準として，850 hPa の気圧面等が表現する水蒸気場の特徴を示す．なお，気象場を議論するときには等高度ではなく，等気圧面のデータが通常用いられるので，高度 500 m に近い 950 hPa 気圧面を用いるべきだと考える方がいるかもしれない．しかし，地表からの 950 hPa 気圧面の高度変化が上空に比べて相対的に大きく，発達した台風や低気圧付近では 950 hPa 気圧面が存在しない場合もあることから，絶対高度である，高度 500 m を基準とするほうが適切である．

図 4.5 は 2008 年の暖候期（6〜9 月）の日本列島南海上での $500\mathrm{m}\theta_e$，850 hPa と 925 hPa 気圧面の相当温位（以降，$850\mathrm{hPa}\theta_e$ と $925\mathrm{hPa}\theta_e$ と表記）の出現頻度分布である．$500\mathrm{m}\theta_e$ では 352.5 K にピークがあり，上空ほどピー

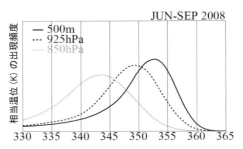

図 4.5 2008 年 6 月から 9 月における北緯 35° 以南の
海上での高度 500 m, 850 hPa と 925 hPa 気圧
面の相当温位の出現頻度（Kato, 2018；気象
庁メソ解析から作成し，最大値で規格化）

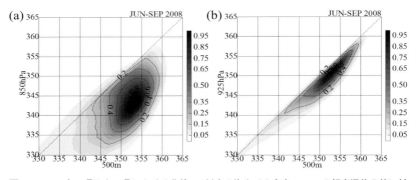

図 4.6 2008 年 6 月から 9 月における北緯 35° 以南の海上での高度 500 m の相当温位の値に対
する，(a) 850 hPa と (b) 925 hPa 気圧面の相当温位の出現頻度分布（Kato, 2018；
気象庁メソ解析から作成し，最大値で規格化）

クの相当温位の値（925hPaθ_e：349 K，850hPaθ_e：343 K）は低くなり，分散
が大きくなっている．図 4.6 は，500mθ_e に対する 850hPaθ_e と 925hPaθ_e の出
現頻度分布である．ここで，前項で示した大雨発生の目安となる 500mθ_e が
355 K であると考えることにする．500mθ_e に対する 850hPaθ_e の出現頻度分
布（図 4.6(a)）を最大値の 20% の出現頻度の領域（0.2 の等値線）でみると，
500mθ_e = 355 K に対して 850hPaθ_e は 338〜354 K に分布し，ばらつきが非常に
大きい．逆に 850hPaθ_e が 345 K の場合，500mθ_e は 345〜358 K に幅広く分布
している．このことは，500mθ_e が高くても必ずしも相対的に 850hPaθ_e が高い
とは限らないことを示唆している．したがって，850 hPa 気圧面では下層水蒸

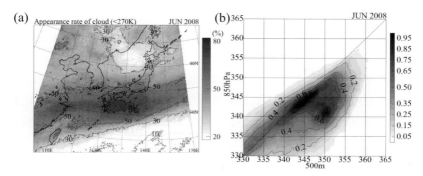

図 4.7 (a) 2008 年 6 月の気象衛星で観測された輝度温度が 270 K より低い雲頂高度を持つ雲が存在する割合，および (b) 図 4.6(a) と同じ，ただし 2008 年 6 月の気象衛星で観測された輝度温度が 270 K よりも低い領域に限定（Kato, 2018）

気場を表現していないことがわかる．上記結果は気象庁メソ解析に基づくものだが，24 年間（1992〜2015 年）の同じ解析領域での高層観測データを用いた比較でも同様の結果が得られている．

$500\mathrm{m}\theta_e$ と $925\mathrm{hPa}\theta_e$ との関係（図 4.6(b)）をみると，$850\mathrm{hPa}\theta_e$ と比べて，$500\mathrm{m}\theta_e$ に対する $925\mathrm{hPa}\theta_e$ のばらつきが小さくなり，$500\mathrm{m}\theta_e$ が高いときは相対的に $925\mathrm{hPa}\theta_e$ も高くなっている．ただ，$500\mathrm{m}\theta_e = 355\,\mathrm{K}$ に対して，最大値の 20% の出現頻度の領域でみた場合，$925\mathrm{hPa}\theta_e$ でも 5 K 以上のばらつきがあり，925 hPa 気圧面が下層水蒸気場を十分に表現しているとはいえない．

850 hPa 気圧面の水蒸気場が下層水蒸気場を表現していないことを統計的に示したが，それでは何を表現しているのかを気象衛星の輝度温度から対流活動の影響を判断することで説明する．ここでは，270 K 以下の輝度温度で 500 hPa より上空に発達した雲（対流活動）の有無を判断する．梅雨期間中である 2008 年 6 月（図 4.7(a)）では，中国大陸から日本列島にかけて東西に発達した雲の出現頻度の高い領域（>50%）が帯状にのびている．この領域は 5.2 節で説明する梅雨前線帯上の湿舌に対応し，対流活動が活発であった場所を示している．発達した雲の存在したケースでの 2008 年 6 月の $500\mathrm{m}\theta_e$ に対する $850\mathrm{hPa}\theta_e$ の出現頻度分布を図 4.7(b) に示す．図の点線に沿うように，$500\mathrm{m}\theta_e \approx 850\mathrm{hPa}\theta_e$ となる頻度が著しく増加し，それに対応して 342〜348 K にピークがみられる．このように $500\mathrm{m}\theta_e \approx 850\mathrm{hPa}\theta_e$ となるのは，相当温位が保

存量であり，対流活動により下層の水蒸気が上空に輸送された結果を示している．すなわち，850hPaθ_e が高くなる場合の多くは対流活動の結果を表現していることを示唆していることになる．

梅雨前線は 5 章で説明するように，対流活動の活発な領域に形成される相当温位の南北傾度の大きな場所に解析される．ここで示したように対流活動によって高度 500 m の相当温位が保存して，その高度の空気塊が上空に持ち上げられるので，高度 500 m と 850 hPa 気圧面での相当温位の南北傾度が大きな場所はほぼ一致する．このことは，梅雨前線を 925 hPa や 850 hPa の相当温位場で解析しても，特に問題はないことを示唆している．

4.3 ┃ 上空の大気の影響

2.4 節では温位エマグラムを用いて，積乱雲の発生・発達のしやすさを大気下層から持ち上げる空気塊の相当温位の大きさと浮力がなくなる高度（LNB：平衡高度（EL））との関係から説明し，上空に寒気が流入することで大気状態が不安定化することを述べた．ここでは，上空の大気が乾燥している場合や総観スケール（大規模場）でみて上昇気流場にある場合などに積乱雲の発達に与える影響について説明する．また，寒冷渦に代表される，上空に寒気が流入する要因である高渦位域にともなう低温化，そしてその高渦位域の流入に対して不安定性降水が発生しやすい場所について解説する．

4.3.1 ┃ 上空の乾燥空気による積乱雲の発達抑制

まず，周囲の空気（以降「周囲」と略す）との混合がない場合の積乱雲の発達高度について，図 4.8 に示した温位エマグラムを用いて説明する．2.1 節で説明した大気下層の空気塊を持ち上げて見出される自由対流高度（LFC）とLNB（EL）の間では，持ち上げた空気塊の相当温位と周囲の飽和相当温位との差によって上向きの浮力が生じ，上昇気流が作られる．ここでは，周囲との混合がないために持ち上げられた空気塊の相当温位は保存することを前提としている．この浮力を LFC から LNB（EL）まで積み上げた浮力エネルギー（図の灰色の部分）が対流有効位置エネルギー（CAPE，2.3 節参照）に相当し，

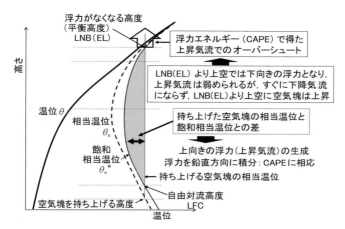

図 4.8 温位エマグラムを用いた周囲の空気との混合がない場合の積乱雲の発達高度の概念図

CAPE で生じた上昇気流は LNB (EL) に達した時点で最大となる.

LNB (EL) より上空では浮力は負値（下向き）となり，上昇気流は弱められるが，すぐに下降気流になることはなく，LNB (EL) より上空に空気塊はさらに上昇することになる．この LNB (EL) より上昇した部分（図の白抜き矢印）はオーバーシュートとよばれる．なお，対流圏界面よりも上空に積乱雲が発達した部分に限定して，オーバーシュートとよばれることもある．積乱雲の発達高度は LNB (EL) にこのオーバーシュートの部分も加算されたものとして見積もることができる.

次に，周囲との混合がある場合の積乱雲の発達高度について，同じく温位エマグラム（図 4.9）を用いて説明する．相当温位は相対湿度が 0% なら同高度もしくは同気圧面の温位，100% なら飽和相当温位の値を取り，乾燥しているほど温位の値に近づく．したがって，LFC と LNB (EL) の間では，必ず持ち上げた空気塊の相当温位は周囲の飽和相当温位の値よりも大きいので，周囲の相当温位は持ち上げた空気塊の相当温位よりも低い．すなわち周囲の相当温位と混合すると必ず，図の灰色太実線のように持ち上げた空気塊の相当温位は低くなる．LNB (EL) は持ち上げた空気塊の相当温位の値が周囲の飽和相当温位の値になる高度なので，相当温位が小さくなった分だけ LNB (EL) は低下することになる．また，CAPE に

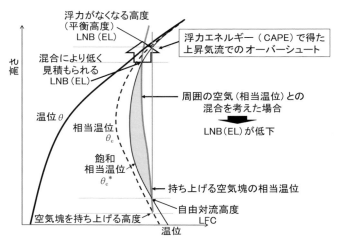

図 4.9 で示した温位エマグラムでは大気中層で相対湿度が 70〜80% と高く，混合の影響は小さいので LNB（EL）の低下は大きくならない．オーバーシュートもあるので，発達高度は混合がない場合の LNB（EL）ぐらいになると考えられる．なお，空気塊が LCL に達すると凝結により雲粒が生成し，その雲粒は上空の乾燥域では蒸発することが想定されるが，蒸発にともなう気温低下の効果については考える必要はない．なぜなら，2.3.2 項での温度エマグラムから相当温位を見出すときに説明したように，蒸発したとしても空気塊が上昇すると再度凝結するので，蒸発に関係なく相当温位の値は同じになるからである．

続いて，図 4.10 の温位エマグラムで示したように大気中層がかなり乾燥して，周囲と混合する場合を考える．大気中層の相当温位プロファイルは温位プロファイルに近づき，上空があまり乾燥していない場合（図 4.9）に比べて，周囲との混合による持ち上げた空気塊の相当温位（灰色太実線）の低下は大きくなり，LNB（EL）は著しく低下する．このように上空がかなり乾燥している

図 4.9 図 4.8 と同じ，ただし周囲の空気との混合がある場合

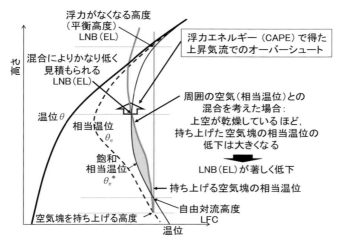

図4.10 図4.8と同じ，ただし周囲の空気との混合があり，上空がかなり乾燥している場合

と積乱雲の発達高度はかなり抑制される．また，CAPE（図の灰色の部分に相当）も著しく小さくなり，オーバーシュートもかなり小さくなる．実際の事例でも，大気中層が乾燥している場合や，乾燥した空気塊が流入してくる場合には積乱雲の発達高度が抑えられていることが示されている．熱帯域では，Kikuchi and Takayabu（2004）が上空の湿潤化にともない積乱雲の雲頂高度が上昇し，500 hPa 気圧面付近の相対湿度が60% 程度を超えると積乱雲は高い高度まで発達していたことを示した．また，1999年6月29日に線状降水帯により福岡県に大雨がもたらされた事例では，大気中層に大量の乾燥空気が流入した領域で積乱雲の発達高度は抑えられ，流入量が少なかった領域で積乱雲の多くは対流圏界面まで発達していた（Kato, 2006）.

　具体的な混合の割合については，持ち上がる空気塊の水平スケールおよび上昇気流の大きさ，上昇中の水平移動（これにより，積乱雲は傾く）などで決まる．持ち上がる空気塊の水平スケールおよび上昇気流が大きいほど混合の割合は小さくなる．上昇気流の強さはCAPEの大きさに依存するので，その値が大きいほど混合の割合が小さくなる．ただ図4.8や図4.9のように混合によって実際のCAPEの値が決まるので，混合がないとして算出されるCAPEの大小だけで判断するには無理がある．鉛直シアがある場合には積乱雲が傾き，鉛

直シアがなく，積乱雲が直立した場合に比べて，混合の割合が大きくなる．これはある断面積を持つ円筒を上下で逆向きの水平方向に引き伸ばした場合に対応し，引き伸ばされることで表面積が増えるためである．このように混合の割合は複雑で，簡単に決めることはできない．

4.3.2 ┃ 上昇気流場での断熱冷却による湿潤化

1.1 節で述べたように，断熱過程（外部との熱の出し入れがない状態）では空気塊が上昇すると，凝結しない限り，乾燥断熱減率で空気塊の温度は低下する．このように空気塊の温度が低下することは断熱冷却とよばれる．ここでは，この断熱冷却による上空の湿潤化について説明する．図 4.11 は温度エマグラム上に，標準大気の気温プロファイル（気温減率 $\Gamma = 6.5 \times 10^{-3}$ ℃ m^{-1}）を与えて，相対湿度 50% の 650 hPa 気圧面の空気塊を 50 hPa 上下させた場合の空気塊の温度と相対湿度の変化を示している．与えられた気温プロファイル上の 650 hPa 気圧面での空気塊の温度は 10.1℃ であり，飽和混合比が 12 g kg^{-1} なので，相対湿度 50% の空気塊の混合比は 6 g kg^{-1} である．ここから乾燥断熱線に沿って 600 hPa 気圧面まで持ち上げると，気温は 3.8℃ となり，6.3℃ の低下（断熱冷却）になる．周囲の気温（5.8℃）と比べると，約 2℃ 低くなる．また，

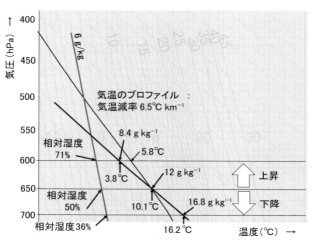

図 4.11　相対湿度 50% の 650 hPa の空気塊を 50 hPa 上下させた場合の空気塊の温度と相対湿度の変化

600 hPa 気圧面の 3.8℃の飽和混合比は 8.4 g kg^{-1} なので，混合比 6 g kg^{-1} を持っている空気塊の相対湿度は 71% に上昇する．このように空気塊が上昇し，断熱冷却することで湿潤化する（相対湿度が高くなる）．

　断熱冷却による湿潤化は，積乱雲が代表する湿潤対流を対象とはしていない．というのも，積乱雲発生時には雲が生成される LCL より上空では相対湿度が 100% になり，気温は湿潤断熱減率で低下し，基本的には周囲の気温よりも低くなることはないためである．すなわち，積乱雲発生・発達を判断する周囲の大気状態が断熱冷却によって湿潤化することが肝要である．周囲が湿潤化することで，前項で説明した上空の乾燥空気による積乱雲の発達の抑制の影響が小さくなるので，積乱雲が発達しやすい大気状態になる．このように周囲が湿潤化するには，次項で説明する上空の高渦位域の流入などにともなう，数百 km から総観スケールの規模（大規模場）の上昇気流場になっている必要がある．なお，上昇気流の大きさは積乱雲中にみられる数 m s^{-1} を超えるようなものではなく，強くても 10 cm s^{-1} 程度である．なお，図 4.11 ではおおよそ 560 hPa 気圧面まで，1200 m ほど持ち上げると相対湿度 100% になり，雲が生じて層状性降水をもたらすことになる（2.4.3 項参照）．また，空気塊を 700 hPa 気

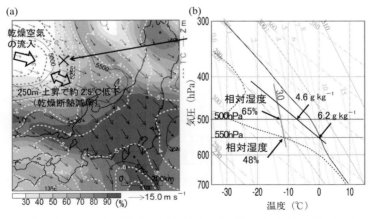

図 4.12　断熱冷却による上空の湿潤化の実例（平成 23 年 7 月新潟・福島豪雨時）（加藤，2013）
　2011 年 7 月 29 日 12 時の（a）325 K 温位面の相対湿度（陰影，%），高度（実線の等値線，m），温度（破線，℃）および水平風（ベクトル）と，（b）（a）の×地点における温度エマグラム（実線：気温，破線：露点温度）．気象庁メソ解析から作成．

圧面まで下すと，断熱圧縮により加熱され，空気塊の温度は周囲よりも 2℃ 以上高くなり，相対湿度は 36% になる．空気塊の温度が上昇し，相対湿度が低下するので，下降気流場にあると対流の発達が著しく抑制されるようになる．

　断熱冷却による上空の湿潤化の実例として，平成 23 年 7 月新潟・福島豪雨時のケースを紹介する．この事例では図 4.12(a) にあるように西方から大気中層に相対湿度 30% 以下の非常に乾燥した空気が流入していたにもかかわらず，新潟県上空では湿潤でかつ低温な状態が維持され，複数の線状降水帯が発生し，大雨が引き起こされた（加藤，2013）．1.5 節で説明したように空気塊は凝結しない限り，温位面上を移動するので，図 4.12(a) の状態が維持されていれば，西から流入する乾燥した空気は温位面上の水平風ベクトルの向きに移動する．また，高度や気温の等値線から判断できるように移動とともに高度が高くなり，気温が低下するので冷却されることがわかる．新潟県の西方海上では 250 m の高度上昇（図中の⇔で示した領域）で約 2.5℃ の気温低下，すなわち乾燥断熱減率になっているので，断熱冷却されることになる．さらに気温低下にあわせて，湿潤化もみられ，積乱雲が発生・発達しやすい大気状態になっていることもわかる．これらのことを図 4.12(b) で示した新潟県の西方海上の温度エマグラムから確認してみる．550 hPa 気圧面の空気塊の相対湿度と混合比はそれぞれ 48% と 3.0 g kg^{-1} であり，その空気塊を 50 hPa 持ち上げると気温が約 7℃ 低下するとともに飽和混合比が 4.6 g kg^{-1} になり，相対湿度は 65% になることがわかる．このことは，図 4.12(a) の気温と相対湿度の分布と整合している．

　以上のことを踏まえて，図 4.10 で示した周囲との混合があり，上空がかなり乾燥している状態で，さらに上昇気流域で断熱冷却される場合での積乱雲の発達高度を考える．図 4.13 の細線のプロファイルは図 4.10 で示した中層がかなり乾燥している状態を示し，混合により LNB（EL）が著しく低下することはすでに説明したとおりである．その状態で上昇気流により中層の空気が多少持ち上げられたケースを太線で示している．相当温位は保存量なので，そのプロファイル（細い破線）は多少持ち上げられてもあまり変化しない．温位も凝結しない限り保存するので，そのプロファイル（左側の細い黒線）も大きく変わることはない．

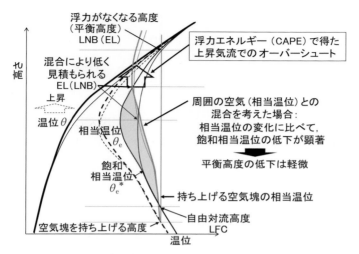

図4.13 図4.10のケース（細線）で，さらに上昇気流域で断熱冷却される場合（太線）

　一方，断熱冷却により気温が低下することで，温位と比べて飽和相当温位（右側の黒線）に顕著な低下がみられる．この飽和相当温位の低下により，周囲との混合を考慮した場合の持ち上げた空気塊の相当温位（灰色実線）と飽和相当温位のプロファイルの交点として見出される LNB（EL）は，混合を考慮しない相当温位が保存する場合と比べて，あまり大きく低下していない．また，上昇気流域でない場合（細線のプロファイル）に比べて，相当温位と飽和相当温位の差によって生じる浮力も大きくなり，その積算である CAPE（図の灰色の部分に相応）も大きくなる．すなわち，上昇気流域では断熱冷却により，積乱雲が発達できる環境場を作り出していることがわかる．すでに説明したように，相当温位のプロファイルは乾燥しているほど温位，湿っているほど飽和相当温位のプロファイルに近づく．断熱冷却による湿潤化で相対湿度が高くなるので，飽和相当温位のプロファイルは相当温位のプロファイルに近づくように左側にかなり移動するわけである．

　上で述べた温位の低下に比べて，飽和相当温位の低下が大きいことを具体的に数値で示す．図4.14は気温と気圧が与えられたときの温位に対する飽和相当温位の変化量である．地上付近では飽和混合比が大きいことから，気温 25℃ の場合，温位が 1 K 変化すると飽和相当温位は約 5 K も変化する．

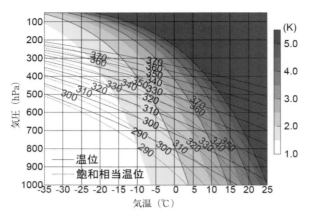

図4.14　気温と気圧が与えられたときの温位（実線，K）1 K に対する飽和相当温位（破線，K）の変化量（陰影，K）

500 hPa 気圧面で気温が−5〜0℃付近でも，温位 1 K に対して飽和相当温位は 2.5 K 前後と大きく変化することがわかる．なお，低温になるほど飽和混合比が著しく小さくなるので，双方の変化の違いは小さくなる．また，温位（実線）と飽和相当温位（破線）は気温と気圧だけの関数であり，その差は気温が低下するに従って急激に小さくなり，相当温位が取りうる範囲も小さくなる．このことは，気温がかなり低いと乾燥の程度で相当温位の値が大きく変わらないことを示していて，気温がかなり低い高度では乾燥空気の影響は小さいことが説明できる．

4.3.3 ▏上空の大気状態に対する積乱雲の発達への影響

本節で今まで説明してきた乾燥空気の流入や大規模場における上昇または下降気流場が，積乱雲を代表とする対流雲の発達に与える影響を表4.1に取りまとめて記載した．数百 km から総観スケールでみた大規模場の鉛直流がない場合は，上空に乾燥空気が流入して混合すると対流が発生したとしても浮力が低下または喪失して，対流が弱化または発達することができない．

対流不安定は図2.9を用いて説明したように，ある厚みの気層が持ち上げられて，気層の上部は凝結せず，下部が凝結することで不安定が顕在化すれば，対流雲が発生できうる状態である．したがって，大規模場が上昇気流場でない

表 4.1 乾燥空気の流入や総観スケールにおける上昇または下降気流場が対流雲の発達に与える影響

大規模場の鉛直流	対流不安定	流入空気の気温・湿度	不安定度	LNB (EL)	LFC	CAPE	発生している対流雲への影響
			流入空気の気温が影響				気温と湿度が影響
なし	顕在化しない（対流雲は発生しない）	変化なし	変化なし				混合で浮力が小さくなり、対流弱化
上昇気流場 ⇧	相当温位の鉛直減率が増加し、不安定度を強化　顕在化（対流雲発生の可能性あり）（乾燥空気の下層が十分湿っている場合。ただ下層からの深い対流雲にはならない、具体例：高積雲）	気温：低下　湿度：上昇（断熱冷却）	不安定化または不安定強化	上昇（LNB (EL)が高い高度のとき、変化がない場合あり）	LFCが中層より高いとき除き、変化なし（高いときは、上昇気流で低、下降気流で下降気流で上昇するが、そのようなときはそもそも対流雲は発生しない）	増大（上昇気流を強化）	流入する空気の湿度が十分高くなれば対流強化
下降気流場 ⇩	顕在化しない（対流雲は発生しない）	気温：上昇　湿度：低下（断熱昇温）	不安定解消または不安定弱化	低下（気温低下が小さいときは、変化なし）		低下（上昇気流を弱化）	湿度低下により混合で浮力が小さくなり、対流弱化が顕著

LNB (EL)：浮力がなくなる高度（平衡高度）、LFC：自由対流高度、CAPE：対流有効位置エネルギー.

と，対流不安定が顕在化せず，対流雲が発生することはない．また，上層や中層の気層だけが持ち上げられてもその領域のみで対流雲が発生するので，下層からの深い対流雲，すなわち積乱雲は発生することはなく，上層や中層での対流不安定の顕在化でみられる対流雲は高積雲になる．なお，上空に乾燥した空気が流入するとその空気塊の相当温位は低いので，相当温位の鉛直傾度で評価される対流不安定度は大きくなる．

　大規模場の鉛直流が存在すると，上空に乾燥空気が流入することで，気温と湿度に変化が生じることは前項までで説明したとおりである．上昇気流場では断熱冷却により気温が低下し，湿度は高くなる．逆に下降気流場では気温上昇および湿度低下により対流雲は発生しにくくなり，対流雲が発生していた場合には，周囲との混合により浮力が小さくなることで対流雲の弱化が顕著になる．下降気流場が対流雲の発生・発達に有利に働くことはないので，ここからは上昇気流場のみに着目して説明する．LNB (EL)，LFC までの距離（DLFC），CAPE などは 2 章で説明した条件付き不安定（潜在不安定）を表す指数で，積乱雲の発生を考えると大気下層に流入する空気の水蒸気量と気温の鉛直プロファイルだけで決まり，上層や中層の水蒸気量（相対湿度）は関係しない．乾燥している状態で大規模場の上昇気流があると断熱冷却で上空が冷えるので，安定な大気状態であっても不安定化する場合があり，すでに不安定な場合でも不安定が強化される．具体的には CAPE が増大し，発生した積乱雲の上昇気流を強め，オーバーシュートも大きくなる．

　発生している対流雲への影響は，流入空気の気温だけでなく，乾燥の程度（相対湿度）も大きく影響する．上昇気流場でも，図 4.9 や図 4.10 で示したように周囲との混合によって持ち上げられた空気塊の相当温位が低下することで浮力が小さくなり，対流雲は弱化する．ただ図 4.13 で示したように，上昇気流場で適度に乾燥している場合では断熱冷却による気温低下にともない，上空の飽和相当温位が顕著に低下する．この飽和相当温位の顕著な低下により，浮力が強められるとともに，LNB (EL) の低下も抑えられ，平成 23 年 7 月新潟・福島豪雨（図 4.12）のように上昇気流場で相対湿度が十分高くなれば対流雲が逆に強化されることがある．

　関東地方での 2 つの不安定性降水事例を示して，上空の大気状態が積乱雲の

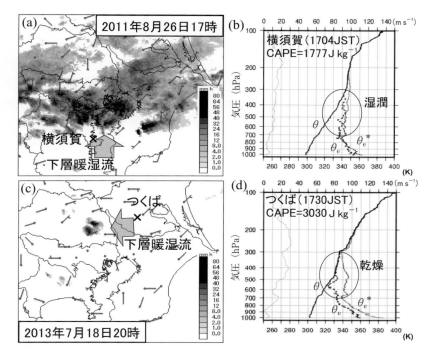

図 4.15　上空の大気状態が積乱雲の発達に与える影響の具体例 (Seino *et al.*, 2018)
(a) 2011 年 8 月 26 日 17 時の気象レーダによる降水強度分布 (mm h⁻¹) とアメダスで観測された
水平風 (矢羽) と (b) 同 17 時 4 分放球の横須賀で観測された温位エマグラム. (c) 2013 年 7 月 18
日 20 時の気象レーダによる降水強度分布 (mm h⁻¹) とアメダスで観測された水平風 (矢羽) と (d)
同 17 時 30 分放球のつくばで観測された温位エマグラム.

発達に与える影響を具体的にみてみる. 図 4.15(a) は 2011 年 8 月 26 日の事例
で, 関東平野の広範囲で不安定性降水が発生している. 一方, 図 4.15(c) は
2013 年 7 月 18 日の事例で, 強い降水の発生は限定的で埼玉県西部に観測され
ているだけである. これらの事例では下層風上側で高層気象観測が行われてお
り, 温位エマグラム (図 4.15(b) と (d)) をみると, 2011 年の事例では大気
下層 (～950 hPa) に南から約 350 K, 2013 年の事例では東から 355 K 以上の
より高い相当温位の空気が流入している. この相当温位の大小により, 前者
では CAPE は 1777 J kg⁻¹ である一方, 後者では CAPE は 3000 J kg⁻¹ を超え
て算出され, 非常に強い不安定な大気状態であることがわかる. それにもかか

わらず，2013 年の事例では降水の発生は限定的であった．この 2 事例の違い
は上空の乾燥空気が大きく影響している．2011 年の事例では上空が湿潤（相
対湿度 80% 以上）であり，持ち上げられた空気塊が上空での混合の影響を強
く受けず，積乱雲としてより上空まで発達できたと考えられる．2013 年の事
例では 600 hPa 気圧面より上空が非常に乾燥していて，持ち上げられた空気塊
が上空での混合を受けることで浮力が低下もしくは喪失して，積乱雲の発達
が抑制されたと考えられる．なお，限定的であったが強い降水が観測された
のは，700 hPa 気圧面まではかなり湿った状態だったために，対流が立ち続け
て徐々に上空が湿潤化し，局所的に積乱雲が発達できたと思われる．このよう
に，上空が非常に乾燥していると不安定性降水は大気状態がかなり不安定でも
（CAPE が大きくても），発生しづらいことがわかる．

4.3.4 ▎高渦位域の流入にともなう低温化

　まず渦位（potential vorticity）について，Ertel（1942）によって導き出さ
れた概念に基づいて簡単に説明する．詳しくは，小倉（2000）などの教科書を
参照していただきたい．渦位は等温位面上で非断熱加熱がなければ保存量とし
て取り扱うことができるので，等温位面渦位 P_θ で議論することが多い．P_θ は
等温位面上の絶対渦度（$\zeta_\theta + f$）と大気の安定度（$\partial\theta/\partial p$）の積：

$$P_\theta = -g(\zeta_\theta + f)\frac{\partial\theta}{\partial p} \tag{4.3}$$

で表現される．ここで，ζ_θ は等温位面上の相対渦度で

$$\zeta_\theta = \left(\frac{\partial v}{\partial x}\right)_\theta - \left(\frac{\partial u}{\partial y}\right)_\theta \tag{4.4}$$

で与えられ，g は重力加速度，f はコリオリパラメータ，p は気圧，(u, v) は水
平風である．渦位の単位としては，potential vorticity unit（PVU $= 1.0 \times 10^{-6}$
$\mathrm{m}^{-2}\,\mathrm{s}^{-1}\,\mathrm{K}\,\mathrm{kg}^{-1}$）が用いられる．絶対渦度は，相対渦度とコリオリパラメータ
との和で定義されるので，通常コリオリパラメータが大きくなる極域で大きな
値を取る．また，絶対渦度は保存量ではないものの，保存性が高い（基本的に
渦は保存しやすい）ために，コリオリパラメータが小さくなる低緯度に渦が移
動すると，コリオリパラメータが小さくなった分だけ相対渦度が強まる．これ

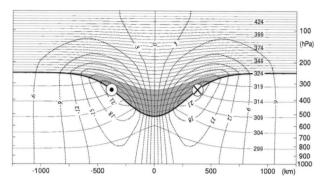

図 4. 16 北半球の対流圏界面付近に平均場より大きな正の渦位偏差（灰色の領域）を与え，平衡状態になったときの水平風速の鉛直断面（破線の等値線，m s^{-1}）と温位の鉛直分布（実線の等値線，K）（Hoskins *et al.*, 1985）

風速の正値は紙面の手前から背後への流れ.

により，日本付近の中緯度では高渦位域にともなう寒冷渦のように明瞭化した渦がよく観測される.

　上空の高渦位域が流入することで，大気中層が低温化して寒冷渦を作り出すメカニズムを説明する．図 4. 16 は，北半球の対流圏界面付近に平均場より大きな正の渦位偏差を与え，平衡状態になったときの水平風速の鉛直断面と成層状態（温位の鉛直分布）を示している．正の渦位偏差を与えることで，反時計回りの低気圧循環が対流圏界面付近を中心に形成されている．これは，渦位が (4.3) のように絶対渦度と大気の安定度の積で定義されるため，正の渦位偏差に対応して正の絶対渦度が生成され，反時計回りの渦成分が生じるためである．加えて，渦位を保存させるように絶対渦度の生成と相反する形で大気の安定度が低下することになり，対流圏界面付近の温位の鉛直傾度（$|\partial\theta/\partial p|$）が小さくなる．これにより，対流圏界面が降下することになる．また，低気圧循環は渦位偏差が与えられた領域だけでなく，上下方向に波及し，対流圏内でも低気圧循環が生じている．これにより，対流圏中下層（たとえば，500 hPa 気圧面）では絶対渦度が大きくなる一方，絶対渦度が大きくなった分だけ大気の安定度が低下する（$|\partial\theta/\partial p|$ が小さくなる）．結果として，等温位線の間隔が広がることで温位面が上昇し，それによって対流圏中下層では気温が低下し，低気圧循

環をともなう寒冷渦が形成することになる．なお，下層への低気圧循環の影響
（広がり）は対流圏界面付近の渦位偏差の水平スケールに依存する．

　寒冷渦と上空の高渦位との関係を実際の事例で確認してみる．図4.17（b）
に示した2013年7月26日18時の500 hPa気圧面の気温，高度と水平風分布
をみると，日本海上に−8℃以下の寒気および低気圧循環が存在し，この寒気
をともなう低気圧循環が寒冷渦とよばれるものである．図4.16を用いて説明
したように，寒冷渦の上空には高渦位域にともなう対流圏界面の降下がみら
れる．また，渦位は大気安定度が高い（$|\partial\theta/\partial p|$ が大きい）ほど大きな値を持
つことから，対流圏に比べて成層圏の渦位の値はかなり大きくなる．そこで，

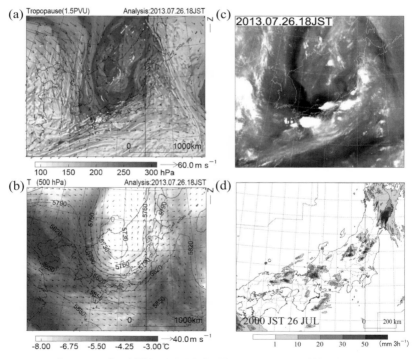

図4.17　上空の高渦位にともなう寒冷渦がもたらした不安定性降水の例
　2013年7月26日18時の（a）1.5 PVUで判断した力学的圏界面気圧（陰影，hPa）と同気
圧面の水平風（ベクトル），（b）500 hPa気圧面気温（陰影，℃），高度（等値線，m）と水平
風（ベクトル），（c）気象衛星ひまわり7号の水蒸気画像．（d）2013年7月26日20時までの
3時間積算降水量分布（mm）．（a）と（b）は気象庁メソ解析から作成．

1.5 PVU や 2.0 PVU の渦位の値を閾値に対流圏界面の高度を見積もる方法があり，それによって見積もられた高度は力学的圏界面高度とよばれる．力学的圏界面高度が顕著に低下している領域の上空には高渦位域が存在することを踏まえて，図 4.17(a) で示した力学的圏界面高度の分布図をみると，寒冷渦と重なるように力学的圏界面高度が 300 hPa 気圧面前後まで降下していることがわかる．

　寒冷渦にともない対流圏界面が降下している領域では，静止気象衛星の水蒸気画像に感度がある高度（～300 hPa）は成層圏に位置していることが多く，水蒸気量がもともと少ないのに加えて，温位面が降下して断熱昇温することで，かなり乾燥した大気状態になっている．上に示した実際の事例での水蒸気画像（図 4.17(c)）では，力学的圏界面高度が 300 hPa 前後の領域に対応して，水蒸気が少ない暗域となっている．このことから，上空の高渦位域の存在の確認に，水蒸気画像の暗域を用いることができる．ただ，逆は必ずしも成り立たない．なぜなら，水蒸気画像では，対流圏界面高度の降下にともなう成層圏起源の空気が反映されているのではなく，300 hPa 付近が単に乾燥しているだけでも暗域としてみえる場合がよくあるためである．

4.3.5 ▏高渦位域の流入と不安定性降水

　図 4.16 で与えられた上空の高渦位域が移動した場合に，不安定性降水が発生しやすい場所を考える．地表面の温位に変化がないとすると，温位の鉛直傾度が小さくなった分だけ，対流圏内で等温位線の間隔が広がって，対流圏界面付近の高渦位域の移動方向前面では等温位線が対流圏中層を中心にせり上がる．具体的には，図 4.16 の 500 hPa 付近の温位 309 K の等値線に着目すると，上空の高渦位域が近づいてくるに従ってその等値線は上方にせり上がってくることがみてとれる．空気塊は 1.5 節で説明したように断熱であれば等温位面を移動するので，等温位線がせり上がった領域では上昇気流が生じる．この上昇気流で断熱冷却が引き起こされ，気温が低下する．

　図 4.18 を用いて不安定性降水が発生しやすい場所を具体的に説明する．日本付近でよくみられる，対流圏界面付近の高渦位域が西から東方向に移動する場合を考える．高渦位域の下方では低温化するだけではなく，4.3.2 項で説明

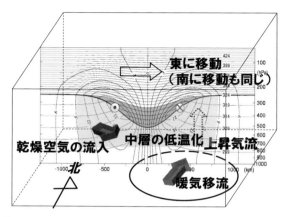

**図 4.18   図 4.16 で与えらえた渦位分布とそれにともなう循環が白
抜き矢印のように移動したときに誘起される大気の動き**

したように湿潤化する. また, 高渦位域には低気圧循環がともなっているので,
高渦位域前面 (東側) では南からの暖気移流が引き起こされる. よって, この
高渦位移流進行方向の南東側 (図の楕円) の領域では大気状態がより不安定に
なり, 不安定性降水がより発生しやすくなる. また, この領域では降水が発生
すると大気の不安定さは緩和され, そのような大気状態が高渦位域の後方へ移
動するとともにそこでは北からの乾燥空気の流入が生じやすいので, 積乱雲の
発生・発達は抑制される. これらの理由により, 高渦位域の中心付近から後方
(西側) にかけては, 不安定性降水の発生頻度は低下する.

　高渦位域が南方向に移動しても, 上と同じ説明になるが, 北や西方向に移動
した場合については少し異なる. この後に述べるが, 高渦位域が北方向に移動
し, 日本列島に不安定性降水をもたらす事例も多くあり, その場合には高渦位
域の進行方向前面 (北側) に降水域がよく観測される. また, 沖縄諸島付近を
はじめ, 太平洋上では高渦位域の西方向への移動もよくみられる. この場合で
も高渦位域の進行方向前面 (西側) で降水域がよく観測される. 沖縄諸島付近
では, 南北温度傾度が小さく, 大気下層での寒気および暖気移流の影響が小さ
いためだと考えられる.

　上空の高渦位域の流入に着目した, 日本列島上での不安定性降水にともなう
大規模な熱雷の発生と上空の低温化の要因との関係についての調査結果(加藤・

表 4.2　2001〜2005 年の 7 月と 8 月での大規模な熱雷の発生パターン（加藤・中島, 2006）

−5℃以下の 寒気の存在	上層高渦位の 流入	トラフの 有無	日数	割合 (%)
あり	西から	—	19	26
	南から	—	20	27
	なし	あり	8	11
	なし	なし	9	12
なし		—	17	23

中島, 2006）を紹介する（表 4.2）．統計期間は 2001〜2005 年の 7〜8 月であり，
上空の低温化は 500 hPa 気圧面の気温が −5℃ 以下の場合で判断した．低温の
要因として，気圧の谷後面にみられる寒気の滞留，気圧の谷前面などでみられ
る上空の高渦位域の流入（寒冷渦の流入も含む）とこれ以外に該当する上昇気
流域にともなう断熱冷却の 3 つに分類した．断熱冷却は上空の高渦位域の流入
での低温化の原因でもあり，次章で説明する梅雨前線帯など上空が湿っている
状態では起こることはあまりない．

　表 4.2 に 2001〜2005 年の 7 月と 8 月での大規模な熱雷の発生パターンを示す．
上空の低温化の要因の半数が上空の高渦位域の流入にともなうもので，西から
の流入が 26% と南からの流入が 27% であり，それぞれ全体の 1/4 程度である．
上空の高渦位域は絶対渦度（コリオリパラメータ）の大きい高緯度から流入す
るのが通常であるが，南からの流入は，日本列島の東方海上を一旦南下して太
平洋上に移動した高渦位域が逆に北上してくる場合である．この場合，西から
流入してくる高渦位域にともなう寒冷渦のような明瞭な渦構造を持たないケー
スがほとんどである．また，上空の高渦位域の流入をともなわずに上空が低温
化していた場合が全体の約 1/4 で，そのうち気圧の谷の後面での寒気滞留によ
る場合が 11% であり，残りの 12% は高渦位域にともなわない上昇気流域によ
る断熱冷却のケースだと思われる．さらに，上空が低温化していない場合が全
体の約 1/4 で，下層大気の相当温位が 360 K 程度と相当高いケースである．こ
のような高相当温位の空気塊が存在または流入すると，積乱雲が高い高度まで
発達できることについては 5.2 節で梅雨期のケースを例に説明する．

4.4 ▏ 線状降水帯発生条件

　本章ではこれまで，下層水蒸気場（4.1 節，4.2 節）と上空の大気状態（4.3 節）から積乱雲の発生・発達に着目して大雨の発生要因を説明してきた．この節では，集中豪雨の約半数の原因（3.6 節参照）となる線状降水帯が発生しやすい条件について示す．線状降水帯については，3.5 節でその形成過程を説明し，線状降水帯は複数の積乱雲で組織化した積乱雲群を階層構造として持つことを示した．また，その積乱雲群に組織化するためには鉛直シアが重要な役割を持つこと（3.4 節参照）も示した．以上から，高度 500 m 付近の相当温位が高いこと，上空の湿っていること，大規模場では上昇気流場であること，適度な鉛直シアがあることを線状降水帯の発生要因としてまとめることができる．これらの要因について，Kato（2020）は線状降水帯によると考えられる過去の複数の大雨事例から発生に必要な条件を量的に見出した．ただ，相当温位は地域や季節によって変動が大きいので，500 m 高度の水蒸気フラックス量（FLWV $=\rho q_{\mathrm{v}}|v_{\mathrm{h}}|$，$\rho$：密度，$q_{\mathrm{v}}$：水蒸気の混合比，$|v_{\mathrm{h}}|$：水平風速），同高度の空気塊を持ち上げたときの DLFC および LNB（EL）で代用した．ここで，500 m 高度は標高（地表面からの高度）が 200 m までなら高度 500 m，それ以上の標高なら標高から 300 m の地点の高度（Kato, 2018）で定義され，この定義を用いることで標高 500 m 以上の地点でも各種変数を見積もることができる．また，500 m 高度の相当温位が高くなると FLWV は大きく，DLFC は短距離に，LNB（EL）は高くなることから，相当温位と各変数間には高い相関関係がある．さらに，大雨が発生するためには大量の下層水蒸気が流入し続ける必要があることから，FLWV が大きいことはその条件を兼ねている．

　Kato（2020）が見出した線状降水帯が発生しやすい 6 条件を表 4.3 に示す．まず大雨をもたらす下層水蒸気の供給として，①FLWV $\geq$ 150 g m^{-2} s^{-1} の条件を設定した．この閾値である FLWV $=$ 150 g m^{-2} s^{-1} は，高度 1 km までその水蒸気量の流入が同値で継続し，その流入量の半分が幅 30 km の領域に雨として地上に落下すると，1 時間に 100 mm 近い降水量となる値である．積乱雲の発生のしやすさと発達の条件としてはそれぞれ，②DLFC $<$ 1000 m と

表 4.3 線状降水帯が発生しやすい 6 条件

項　目	条　件
① 水蒸気供給	FLWV（500 m 高度）$\geq$ 150 g m^{-2} s^{-1}
② 対流発生	DLFC（500 m 高度）$<$ 1000 m
③ 対流発達	LNB（500 m 高度）$\geq$ 3000 m
④ 上空の湿度	RH（500 hPa & 700 hPa）$\geq$ 60%
⑤ 上昇気流域	W（700 hPa, 400 km 平均）$\geq$ 0 m s^{-1}
⑥ 鉛直シア	SREH $\geq$ 100 m^2 s^{-2}

FLWV：水蒸気フラックス量，DLFC：自由対流高度までの距離，LNB：浮力がなくなる高度（平衡高度），RH：相対湿度，W：鉛直速度，SREH：ストームに相対的なヘリシティ．FLWV，DLFC と LNB は 500 m 高度（数値モデルの標高が 200 m までは高度 500 m，それ以上は標高＋300 m）で判断する．

③LNB$\geq$3000 m とした．③については積乱雲の発達高度を想定したものではなく，次に示すケースを除外するために設けた条件である：大気中下層（850～700 hPa）に暖気が流入することがあり，その場合では LNB がその流入高度となり，積乱雲の発達が抑制される．上空の湿りについては，500 hPa と 700 hPa 気圧面の相対湿度：④RH$\geq$60% を条件とした．この閾値は 4.3.1 項で紹介した Kikuchi and Takayabu（2004）の熱帯域の積乱雲の発達条件と整合している．大規模場の上昇気流場としては，④で判断する上空の湿りに影響を与える 700 hPa 気圧面で判断し，対流雲の発生域（積乱雲域）の影響を除外するために 400 km×400 km 水平四方で平均した鉛直流：⑤W$\geq$0 m s^{-1}（積乱雲域の影響は図 3.2 参照）で判断するとした．鉛直シアとしては 3.3 節で説明したストームに相対的なヘリシティ（SREH）を用い，⑥SREH$\geq$100 m^2 s^{-2} を条件とし，SREH の算出には Maddox（1976）と Bunkers et $al.$（2000）の方法で算出された値の最大値を用いることにした．

線状降水帯発生が発生しやすい 6 条件（以降「6 条件」と略す）の活用例を紹介する．2014 年 8 月 20 日の広島での大雨事例は 3.5 節で説明したように，線状降水帯により引き起こされ，その予測は前日夕刻の初期値を用いた水平解像度 5 km の数値モデル（気象庁メソモデル MSM）では予測できなかったことを示した．この事例に対して，前日正午の初期値の MSM の予測結果をみてみる．20 日 3 時までの解析雨量による 1 時間降水量分布（図 4.19(a)）では，

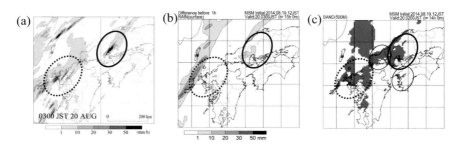

図 4.19　2014 年 8 月 20 日 3 時の (a) 解析雨量分布 (mm) と (b) 気象庁メソモデル MSM の予報
　　　　結果 (19 日 12 時初期値)，および (c) 20 日 2 時の MSM (19 日 12 時初期値) が予想した
　　　　線状降水帯発生条件を満たす領域

広島県内に最大 50 mm を超える線状降水帯 (図の太実線楕円) が確認できる
一方，MSM (図 4.19(b)) は広島県内に 10 mm に満たない降水域を予想して
いるだけである．その 1 時間前の 20 日 2 時での MSM の予想値から判断した
6 条件 (図 4.19(c)) では，線状降水帯が発生する可能性を予測できている．
なお，6 条件は線状降水帯そのものを予測するのではなく，図 4.19(c) のよう
に線状降水帯が発生しやすい領域を幅広に予測する．また，九州北部にも広島
での線状降水帯ほどの大雨ではないが，線状の降水域 (図の破線楕円) が観測
されていて，6 条件でも発生する可能性が予想できている．ただ，図 4.19(c)
の細実線楕円で示した四国の西部領域などでは，6 条件では予測しているもの
の，弱い雨程度しか観測されていない．6 条件は線状降水帯の発生の可能性を
判断するためのもので，予想の空振りは多数生じる．線状降水帯の発生をより
的確に判断するためには 6 条件以外に，下層収束の存在や 6 条件が継続して予
想されているなどを追加して検討する必要がある．特に，次節で述べる，九州
での大雨発生時の気圧配置で下層トラフや下層起源の低気圧・渦が存在する場
合 (図 5.1(b) 参照) には，令和 2 年 7 月豪雨時のように複数の線状降水帯が
発生している (Araki *et al.*, 2021) ので，それらの存在にも着目すべきである．
なお，6 条件は線状降水帯による大雨発生の判断材料の 1 つとして，2016 年 5
月 30 日から気象庁の予報現業で利用されている．

文 献

[1] Araki, K., T. Kato, Y. Hirockawa and W. Mashiko, 2021：Characteristics of atmospheric environments of quasi-stationary convective bands in Kyushu, Japan during the July 2020 heavy rainfall event. *SOLA*, **17**, 8-15.

[2] Bunkers, M. J., B. A. Klimowski, J. W. Zeitler, R. L. Thompson and M. L. Weisman, 2000：Predicting supercell motion using a new hodograph technique. *Wea. Forecasting*, **15**, 61-79.

[3] Ertel, H., 1942：Ein neuer hydrodynamischer Wirbelsatz. *Meteor. Zeitschr.*, **59**, 277-281.

[4] 萩野谷成徳, 小幡紀一, 木下宣幸, 1993：啓風丸で観測された表層水温の日変化についての熱収支的考察. 天気, **40**, 197-205.

[5] Hoskins, B. J., M. E. Mcintyre and A. W. Robertson, 1985：On the use and significance of isentropic potential vorticity maps. *Q. J. R. Met. Soc.*, **111**, 877-946.

[6] 岩坂直人, 2009：太平洋の気象観測ブイで観測された海上気温の平均的日変化について. 海の研究, **18**, 197-211.

[7] Kato, T., 2006：Structure of the band-shaped precipitation system inducing the heavy rainfall observed over northern Kyushu, Japan on 29 June 1999. *J. Meteor. Soc. Japan*, **84**, 129-153.

[8] 加藤輝之, 2013：新潟・福島豪雨の発生要因. 気象庁技術報告, **134**, 119-136.

[9] Kato, T., 2018：Representative Height of the Low-Level Water Vapor Field for Examining the Initiation of Moist Convection Leading to Heavy Rainfall in East Asia. *J. Meteor. Soc. Japan*, **96**, 69-83.

[10] Kato, T., 2020：Quasi-stationary band-shaped precipitation systems, named "senjo-kousuitai", causing localized heavy rainfall in Japan. *J. Meteor. Soc. Japan*, **98**, 485-509.

[11] Kato, T. and H. Goda, 2001：Formation and maintenance processes of a stationary band-shaped heavy rainfall observed in Niigata on 4 August 1998. *J. Meteor. Soc. Japan*, **79**, 899-924.

[12] 加藤輝之, 中島幸久, 2006：2004年8月7日に東日本に熱雷をもたらした上層高渦位（寒冷）渦について－夏期に熱雷をもたらす要因の統計的研究を踏まえて－. 日本気象学会2006年春季大会, C108.

[13] Kikuchi, K. and Y. N. Takayabu, 2004：The development of organized convection associated with the MJO during TOGA COARE IOP：Trimodal characteristics. *Geophysical Research Letters*, **31**, doi：10. 1029/2004 GL019601.

[14] 近藤純正, 1982：大気境界層の科学－理解と応用－, 東京堂出版, 219 pp.

[15] Maddox, R. A., 1976：An evaluation of tornado proximity wind and stability data. *Mon. Wea. Rev.*, **104**, 133-142.

[16] Nakamura, K. and T. Asai, 1985：Numerical experiment of airmass transformation

processes over warmer sea. Part 2：Interaction between small-scale convections and larger-scale flow. *J. Meteor. Soc. Japan*, **63**, 805-827.

［17］小倉義光，2000：総観気象学入門，東京大学出版会，215 pp.

［18］Seino, N., R. Oda, H. Sugawara and T. Aoyagi, 2018：Observations and simulations of the mesoscale environment in TOMACS urban heavy rain events. *J. Meteor. Soc. Japan*, **96A**, 221-245.

［19］Shinoda, T., H. Uyeda and K. Yoshimura, 2005：Structure of moist layer and sources of water over the southern region far from the Meiyu/Baiu front. *J. Meteor. Soc. Japan*, **83**, 137-152.

CHAPTER 5

梅雨期の集中豪雨

5.1 | 梅雨時の気圧配置

　梅雨期は梅雨前線の存在で特徴付けられるが，梅雨前線は「密度や温度の異なる空気塊（気団）の境界面が地表面または他の特別な面と交わってできる線」と説明される通常の前線ではなく，特異な特徴を持つ．西日本の梅雨前線付近では，南北方向の温度傾度は小さい一方，水蒸気量傾度は非常に大きい（Matsumoto *et al.*, 1971）．このことから，梅雨前線は水蒸気分布によって特徴付けられ，水蒸気前線ともよばれることがある．

　典型的な梅雨期の気圧配置を図 5.1(a) に示す．梅雨前線は太平洋高気圧にともなう暖湿な気団（小笠原気団）と中国大陸からオホーツク海高気圧にかけての相対的に乾燥した寒冷な気団（大陸気団とオホーツク海気団）との間の風の収束帯に形成される．その収束帯は梅雨前線帯とよばれ，天気図上には表示されないが，対流活動が活発なので衛星雲画像や 700〜500 hPa 気圧面の湿潤

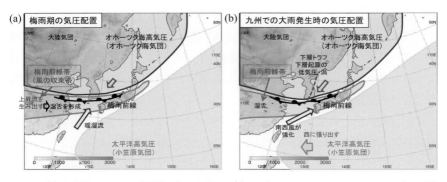

図 5.1　(a) 梅雨期にみられる典型的な気圧配置と，(b) 九州での大雨発生時によくみられる気圧配置

な領域（湿舌）で把握することができる．本節では，梅雨期の集中豪雨を議論するうえで重要な梅雨前線帯と湿舌との関係，および九州で大雨が観測されるときの気圧配置の特徴について解説する．

5.1.1 ▌ 梅雨前線帯と湿舌

　3章で説明したように，梅雨期，特にその後半には集中豪雨がしばしば発生し，その集中豪雨が発生するためには，積乱雲が繰り返し発生して積乱雲群として組織化し，大量の降水を作り出さなければならない．また，その大量の降水が生じるためには，大量の水蒸気が継続して流入しなければならない．その大量の水蒸気の流入がしばしば大気下層では舌状の流れとして把握され，その流れをその形状から "湿舌（moist tongue）" と説明されることがある．この説明は，米国気象学会の用語集での「下層水蒸気場への湿潤大気の広がりや突出部」での解説と同意である．一方，日本国内では同様の説明がされることもあるが，『気象科学事典』（日本気象学会，1998）や気象庁のホームページに掲載されている用語集には，湿舌は「梅雨期の高度3 km付近に現れる梅雨前線帯に沿った舌状の形をした湿潤な領域．前線帯での対流活動の結果として上空に下層の水蒸気が運ばれることで形成される」のように記載されている．前者は対流活動の原因となる水蒸気場を示しており，後者は4.2節の説明と同じく対流活動の結果を述べている．この2つの説明は，まったく相反する解釈につながり，現象の正しい理解を阻みかねないので，"湿舌" という用語の利用には注意を払う必要がある（加藤，2010）．特に，どの高度の水蒸気場を指して "湿舌" という用語を用いるかを説明の冒頭に示しておく必要がある．なお，気象庁ではこの混同を回避するために，"湿舌" という用語を控えるとともに，"暖かく湿った空気の流入" という天気解説を行っている．ここでは日本国内で使用されてきた，高度3 km付近に現れる舌状の形をした湿潤な領域として，"湿舌" という用語を用いることにする．

　まず対流活動の結果として "湿舌" が形成される要因について解説する．梅雨期を特徴付けるものは梅雨前線だと述べたが，梅雨前線は梅雨期に常時解析されているわけではない．対流活動が小康状態になると，梅雨前線は解析されなくなる．このことから，梅雨前線が存在することで降水が発生するのではな

く，降水が生じた結果として梅雨前線が解析されるようになると考えることもできる．梅雨というのは，図 5.1(a) で示した南側の海洋起源の暖湿な小笠原気団と北側の大陸起源の相対的に乾燥した寒冷な大陸気団とオホーツク海気団とに挟まれた収束帯での降水である．梅雨前線ではなく，この収束帯である梅雨前線帯が，梅雨期を特徴付けるものである．

　梅雨前線帯には通常，南北温度傾度は小さいものの，その傾度，すなわち温位面が北側に向かって上昇することによって生じる総観スケールの上昇気流が弱いながらも存在する．そのため，海洋起源の暖湿な空気が北上して梅雨前線帯に流入すると，等温位面を滑昇することで自由対流高度（LFC）に達して対流活動が生じる．それにより下層の水蒸気が上空に運ばれ，また上空の西よりの風で移流することで梅雨前線帯上に東西にのびた帯状の湿潤な領域が作り出される．さらにその領域には，中国大陸やその以西での対流活動で上空に運ばれた水蒸気も加わる．この上空の湿った領域が"湿舌"である．すなわち，梅雨前線帯と"湿舌"はほぼ一致した領域に存在することになり，梅雨期にみられる中国大陸から日本列島にのびる高度 3 km 付近の湿潤な領域である"湿舌"から逆に梅雨前線帯を見出すことができる．

　この"湿舌"の領域はまた，可降水量（precipitable water vapor：PWV）や鉛直積算水蒸気輸送（integrated water vapor transport：IVT）の分布でもおおよそ判断することができ，これらの分布からみられる水蒸気の流れは"大気の川（atmospheric river）"ともよばれることがある（Kamae *et al.*, 2017）．PWV と IVT はそれぞれ

$$\mathrm{PWV} = \int \rho q_v dz \tag{5.1}$$

と

$$\mathrm{IVT} = \int \rho q_v \mathbf{V} dz \tag{5.2}$$

のように定義される．ここで，ρ は密度，q_v は水蒸気の混合比，$\mathbf{V}$ は水平風ベクトルである．"大気の川"という用語（Gimeno *et al.*, 2016）は，米国西海岸に大雨をもたらす太平洋北西部から川のような水蒸気の流れにちなんで名付けられ，米国気象学会の用語集では温帯低気圧の寒冷前線の前方にある下層強風域にともなう，細長くて一過性の強い水平水蒸気輸送の回廊と説明されている．

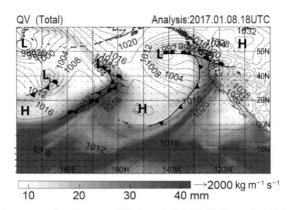

**図 5.2　2017 年 1 月 8 日 18 世界時での可降水量（陰影，mm），鉛直積
算水蒸気フラックス量（ベクトル）と海面気圧（等値線，hPa）**
気象庁 55 年長期再解析データ（JRA-55）から作成．前線は気象庁お
よび米国海洋大気庁の天気図をもとに描画．

図 5.2 に "大気の川" が 36 時間継続し，米国西海岸に 300 mm を超える大雨
をもたらしたときの PWV と IVT の分布図を示す．寒冷前線の南側に沿って，
北緯 20° 付近の亜熱帯地方から米国西海岸に向かって PWV＞40 mm の領域が
流入し，米国西海岸付近では IVT が 1000 kg m^{-1} s^{-1} を超えている．なお，5.3
節で説明するように "湿舌" の領域では大気下層と上空では風向が異なり，ま
た大気下層に比べて上空の相当温位は低いので，混合によって積乱雲を発達さ
せてさらなる上空への水蒸気輸送を担う浮力を減衰させる．これらのことを考
えると，上空も含めた積算水蒸気量である PWV やその輸送量 IVT を用いた
大雨の発生要因の推定は慎重に行う必要がある．

5.1.2 ▌九州での大雨発生時の気圧配置

　典型的な梅雨期の気圧配置（図 5.1(a)）と対比させて，九州で大雨が発生
するときによくみられる気圧配置の特徴を図 5.1(b) に示す．太平洋高気圧（小
笠原気団）はその勢力を強め，西側に張り出している．また，九州付近には下
層トラフまたは下層起源のメソ低気圧や下層渦が西側から接近し，梅雨前線上
にはキンク（前線が北へ「へ」の字に折れ曲がっている部分）もしくは低気圧
をともなう場合もある（Araki *et al.*, 2021）．なお，上空には高渦位域にとも

なう上空の気圧の谷（トラフ，4.3節参照）が存在しない場合が多い．

　図5.1(b) のような状況になると，東シナ海上では等圧線が混み，気圧傾度力が強まることで南西風が強化される．この強化によって，(4.1) で与えられる潜熱フラックスの式からわかるように東シナ海の海面からの水蒸気の蒸発が増大し，大気下層に大量の水蒸気が蓄えられる．加えて，下層トラフ等が存在するとその領域では下層収束により効率よく大気下層に水蒸気が蓄積される（4.1.2項参照）．このように蓄えられた大量の水蒸気が梅雨前線帯に流入することで大雨が発生することになる．ただし，太平洋高気圧の張り出しが強まって中国大陸まで及ぶようになると梅雨が明け，日本列島への下層暖湿流の流入はなくなり，梅雨型の大雨はなくなる．また，梅雨末期になると梅雨前線帯が太平洋高気圧の強まりとともに北上し，南西からの下層暖湿流が対馬海峡を通過し，日本海上に流れ込む場合が生じる．そのような場合には，山陰地方から東北地方の日本海側でも大雨が発生する．

5.2 ┃ 梅雨期の大気状態

　前節では，気圧配置から梅雨期の特徴を梅雨前線帯に着目し，対流活動により上空に湿潤な領域（湿舌）が形成されていることを示した．本節では，その梅雨前線帯の大気状態について，大雨をもたらす積乱雲が発生・発達できる条件を確認しながら説明する．特に，積乱雲の発達高度の目安となる浮力がなくなる高度（LNB：平衡高度（EL））に着目する．

5.2.1 ┃ 大気の安定度と積乱雲の潜在的発達高度

　2.3節で説明したように，不安定な大気状態は温位エマグラムを用いると，持ち上げる空気塊の相当温位と上空の飽和相当温位のプロファイルからLFCを見出すことで判断でき，積乱雲の発達はLNB（EL）の高度を目安とすることができる．ただし，実際の積乱雲の発達高度は，上空の空気との混合によりLNB（EL）は低下するが，LNB（EL）に達しても上昇気流が維持されてオーバーシュートすることも踏まえて考える必要がある（4.3節参照）．ここでは，LNB（EL）を積乱雲の潜在的発達高度として大気の安定度との関係を議論す

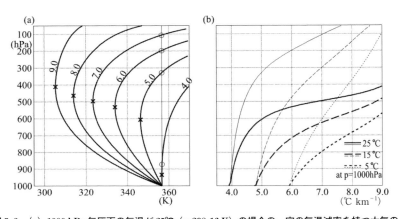

図5.3 **(a)** 1000 hPa 気圧面の気温が25℃（=298.16 K）の場合の一定の気温減率を持つ大気の飽和相当温位の鉛直プロファイルと，**(b)** 1000 hPa 気圧面の気温が25℃，15℃と5℃の場合の一定の気温減率を持つ大気の LNB_{max}（灰色線）と $L\theta^*_{e\,min}$（太線）（Kato *et al.*, 2007）〇は 1000 hPa 気圧面の空気塊が飽和しているときの浮力がなくなる高度 LNB_{max}，×は各飽和相当温位の鉛直プロファイルの最小値とその気圧面 $L\theta^*_{e\,min}$ を示す.

る.

　気温減率が小さいほど大気はより安定していることを 1.4 節および 1.5 節で説明した. このことを踏まえて，気温減率の大小によって LNB（EL）がどのように変動するかを考える. 1000 hPa の気温が 25℃（=298.16 K）の場合，一定の気温減率を与えたときの飽和相当温位のプロファイルを図 5.3 (a) に示す. 1000 hPa の空気塊が飽和している場合に LNB（EL）は最大となり，その高度 LNB_{max} を図上に〇で，飽和相当温位のプロファイルで最小値となる高度 $L\theta^*_{e\,min}$ を×で示している. 1000 hPa の空気塊を持ち上げた場合，この 2 つの高度に挟まれる範囲に LNB（EL）は見出されることになる. 気温減率に対する LNB_{max} と $L\theta^*_{e\,min}$ の変化を図 5.3 (b) に示す. 1000 hPa の気温が 25℃の場合（実線），気温減率が 3.9℃ km^{-1} 以下になると LNB_{max} は見出されず，積乱雲が発生できない絶対安定な大気状態であることがわかる. 5℃ km^{-1} 程度までは気温減率が大きくなるに従って，LNB_{max} と $L\theta^*_{e\,min}$ はともに急激に高くなり，5℃ km^{-1} を超えると積乱雲は高い高度まで発達できるようになる. 次項では，この気温減率 5℃ km^{-1} に着目して説明する. 図 5.3 (b) には，1000 hPa の気温が 15℃と 5℃の場合も示してあり，気温が高いときよりも気

温減率がより大きくならないと積乱雲は高い高度まで発達できないことがわかる．実際，冬季に日本海側に降雪をもたらす積乱雲である雪雲の発達高度はたかだか3〜4 km であり，LNB もその高度に見出されることと整合している（加藤，2007）．

5.2.2 ▏梅雨期での積乱雲の潜在的発達高度

梅雨期の日本列島周辺での積乱雲の発達高度の目安となる LNB（EL）の出現頻度の鉛直プロファイルを図5.4 に示す．2001〜2005 年（5年間）の6月と7月を対象に，水平分解能 20 km の気象庁領域解析から算出した結果である（Kato *et al.*, 2007）．陸上（破線）では6月と7月ともに，700 hPa 気圧面付近に LNB（EL）の出現頻度のピークがみられ，それ以外にも7月には150 hPa 気圧面付近にも最大頻度となる別のピークが存在する．このことは，7月には6月にない，積乱雲が高い高度まで発達できうる大気状態が高頻度で出現していることを示している．この LNB（EL）の出現頻度の特徴が梅雨前半（6月）と後半（7月）で異なることが，梅雨末期に大雨がしばしば観測されることに大きく関係していると考えられる．また，700 hPa 気圧面付近に LNB（EL）に対応する背の低い積乱雲は梅雨前線帯だけでなく，中国大陸上でも観測されている（Zhang *et al.*, 2006）．海上での LNB（EL）の出現頻度（太実線）でも陸上とほぼ同じ特徴を持つが，900 hPa 気圧面付近に別の出現頻度のピークがみられる．このピークは対流混合層（4.1.1 項参照）の上端に出現する層積雲に

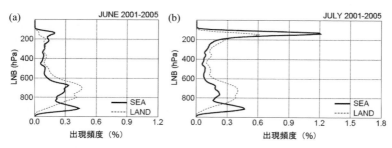

図5.4 2001〜2005 年の(a)6月と(b)7月の日本列島周辺での浮力がなくなる高度（LNB）の出現頻度の鉛直プロファイル（Kato *et al.*, 2007）
出現頻度は 10 hPa ごとの鉛直格子で算出．太実線は海上，破線は陸上の出現頻度で，気象庁領域解析から作成．

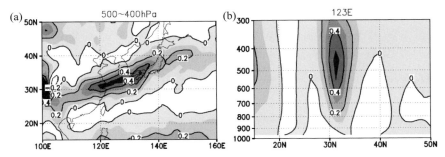

図 5.5   1999 年 6 月 23 日〜7 月 3 日の 10 日間平均の（a）500〜400 hPa 気圧面間での Q_1/C_{pd}（K h^{-1}）の水平分布と，（b）東経 123° における南北鉛直断面図（長谷川・新野，2006；気象庁全球解析から作成）

対応するものである．

　LNB（EL）の出現頻度が大気中下層（〜700 hPa 気圧面）にピークを持つ要因を考える．梅雨前線帯では対流活動が活発で，上空には湿潤な領域（湿舌）が作られることを前節で述べた．対流活動は湿舌を作り出すだけでなく，凝結により潜熱を開放することで上空を加熱する．この加熱分布の例（長谷・新野，2006）を図 5.5 に示す．梅雨前線帯での対流活動が活発だった 1999 年 6 月 23 日〜7 月 3 日の 10 日間平均の 500〜400 hPa 気圧面間での加熱量である Q_1/C_{pd}（C_{pd}：乾燥大気の定圧比熱）の水平分布と東経 123° における南北鉛直断面図である．Q_1 は見かけの熱源（Yanai *et al.*, 1973）とよばれ，

$$Q_1 \equiv \frac{\partial \bar{s}}{\partial t} + \frac{\partial \bar{u}\bar{s}}{\partial x} + \frac{\partial \bar{v}\bar{s}}{\partial y} + \frac{\partial \bar{\omega}\bar{s}}{\partial p} \approx Q_R + L_v(c-e) - \frac{\partial \overline{\omega's'}}{\partial p} \qquad (5.3)$$

で定義され，空気塊が上昇・下降するときの断熱冷却・加熱の効果も考慮されている．ここで，上バー（￣）が付加されたものは領域平均量，ダッシュ（′）が付加されたものは領域平均からの偏差量，s は（1.5）で定義される乾燥静的エネルギー，$(u, v, \omega \equiv \partial p/\partial t)$ は風の 3 成分，Q_R は大気放射による冷却量，L_v は凝結熱，c と e は水蒸気の凝結量と降水の蒸発量である．図 5.5 に示した Q_1 の分布には，梅雨前線帯に沿って加熱があり，そのピークは大気中層の 450 hPa に付近にみられる．このように大気中層に加熱が生じると，その下流域（東側）の LNB（EL）の高度に影響を与えることになる．

　次に，上空に暖気が流入したときの LNB（EL）が見出される高度への影

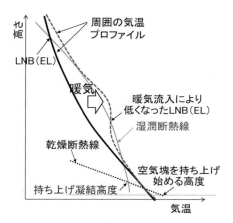

図 5.6 大気中層に暖気が流入したときの浮力がな
くなる高度 LNB（平衡高度 EL）への影響

を説明する．図 5.6 のように太線の気温プロファイルが与えられたとき，大気
下層から空気塊を持ち上げると LNB（EL）は高い高度に見出される場合を想
定する．このとき，大気中層を中心に暖気が流入して破線の気温プロファイル
に変化した場合，LNB（EL）はかなり低下することになる．また，大気中層に
暖気が流入することにより気温減率が小さくなる．6 月では，中国華南付近で
の活発な対流活動により大気中層の大気は暖められ，その暖気が上空の西より
の風で流入すると，日本列島上での気温減率は低下する．この理由により梅雨
前線帯上の気温減率が 4.5～5.0℃ km^{-1} 程度になり，LNB（EL）が低くなり，
対流活動が抑制される．7 月での 700 hPa 気圧面付近に高頻度で見出される
LNB（EL）の成因も同様である．しかし 7 月になると，中国大陸での活発な対
流活動域が北上するとともに弱まり，日本付近の大気中層への暖気の流入頻度
が低下し，LNB（EL）が高頻度で高い高度に見出されることになる．このこと
が，梅雨末期に大雨が発生しやすい理由の 1 つである．また，中国大陸と西日
本との関係が，西日本と東日本との関係にも当てはまる．西日本で対流活動が
活発であれば，その風下（東側）にあたる東日本での気温減率が低下し，積乱
雲が発達しづらくなる．

梅雨期における海上も含む九州周辺領域（東経 127.5～132.5°，北緯 30～
35°）での LNB（EL）の出現頻度を，500 m 高度（数値モデルの標高が 200 m

までは高度 500 m，それ以上は標高 + 300 m）と 500 hPa 気圧面間の平均気温
減率および 500 m 高度の相当温位 500mθ_{e} との関係としてそれぞれ図 5.7(a)
と（b）に示す．解析期間は 2010〜2019 年の 6〜7 月とし，解析データとして
気象庁メソ解析を用い，上空が乾燥していると積乱雲の発達が抑制されるの
で，700 hPa 気圧面の相対湿度が 60% 以上の場合のみを対象とした．500mθ_{e}
との関係（図 5.7(a)）には，10〜15 km，8〜10 km と 2 km 付近の高度に 3 つ
の LNB（EL）のピークが存在する．一番上のピークは南から流入する相当温
位の高い暖湿流の影響もあり，海上で顕著であり，8〜10 km のピークは陸上
で顕著であった．2 km 付近のピークは層積雲に対応するものだと考えられる．

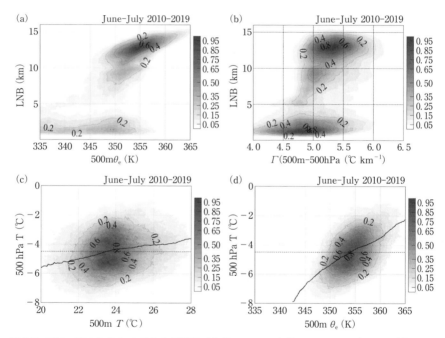

図 5.7　2010〜2019 年の 6〜7 月の九州周辺（北緯 30〜35°，東経 127.5〜132.5°）での **(a) 500 m**
高度の相当温位 θ_{e} と，(b) 500 m 高度と 500 hPa 気圧面間の平均気温減率 Γ に対する浮力
がなくなる高度（LNB）の出現頻度および，500 m 高度の (c) 気温 T と (d) θ_{e} に対する
500 hPa 気圧面の気温 $T500$ の出現頻度（LNB が 10 km 以上の場合）

　500 m 高度は数値モデルの標高が 200 m までは高度 500 m，それ以上は標高 + 300 m．点線は $T500$
の平均値で，太線は 500 m 高度の T と θ_{e} に対する $T500$ の平均値を示し，出現頻度は各図の最大値
で規格化した．気象庁メソ解析から 700 hPa 気圧面の相対湿度が 60% 以上の場合に対して作成.

$500\mathrm{m}\theta_e$ の値に着目すると，2.4.1 項で説明しているように，相当温位の値が高く（低く）なるほど LNB（EL）の高度が上がる（下がる）傾向があることが確認できる．特に 360 K を超える相当温位の空気塊が流入する場合，LNB（EL）のほとんどが対流圏界面付近の 13〜16 km に見出され，このことは上空の気温に関係なく積乱雲が発生すると高い高度まで発達できることを示唆している．

500 m 高度と 500 hPa 気圧面間の平均気温減率との関係（図 5.7（b））では，4.7℃ km^{-1} 付近より気温減率が大きくなると，LNB（EL）は 10 km 以上の高度に見出されるようになる．特に，気温減率が 5℃ km^{-1} 以上になると対流圏界面付近にも達する．この値は 1.1 節で示した日本付近の大気下層の気温減率 6℃ km^{-1} よりもかなり小さい．一方，気温減率が 4.6℃ km^{-1} 以下の場合，LNB（EL）は 6 km を超えることはなく，このことは図 5.3（b）から LNB（EL）の最大が 450 hPa 程度であることと合致している．また，気温減率が 5℃ km^{-1} 以上になると対流圏界面付近に達することができるのは，対流圏内の平均気温減率は図 1.4 で示したように標準大気の気温減率 6.5℃ km^{-1} に近く，大気下層に比べて上空の気温減率が大きくなるので，500 hPa 気圧面付近より上層では気温減率が 7℃ km^{-1} 程度になるためである．

500 m 高度と 500 hPa 気圧面間の気温差について考える．その差が 1℃ あたりの平均気温減率の変化は 0.2℃ km^{-1} 程度にしかならないので，上下の気温差が LNB（EL）に対して与える影響は小さいことが示唆される．このことを確かめるために，LNB（EL）が 10 km 以上の場合について，500 hPa の気温 $T500$ に対する 500 m 高度の気温 $500\mathrm{m}T$ と $500\mathrm{m}\theta_e$ の関係をそれぞれ図 5.7（c）と（d）に示す．$T500$ の平均値は点線で示した −4.2℃ で，$500\mathrm{m}T$ の上昇とともに $T500$ も高くなっているが，太線の平均値でみるとその増加割合の比は 0.25 程度であり，$500\mathrm{m}T$ が気温減率に大きく影響していないことがわかる．一方 $500\mathrm{m}\theta_e$ との関係（図 5.7（d））では，$500\mathrm{m}\theta_e$ が 360 K 以上に限ると，$T500$ はその平均値（点線）よりもかなり高くなっている．逆に，$500\mathrm{m}\theta_e$ が低いときは $T500$ はその平均値よりかなり低くなっていて，そのような場合は上空の寒気の影響を受けて LNB（EL）が 10 km 以上になっていることがわかる．以上から，$500\mathrm{m}\theta_e$ が高く，積乱雲が高い高度まで発達できるときは基本的に，

下層の気温が高いだけでなく，上空の気温も高くなっている．それにより，大雨時でも気温減率は $5.0℃\ \mathrm{km}^{-1}$ を超える程度で，さほど大きくならないことが説明できる．また，このことは表 4.2 で示した日本列島で大規模な熱雷発生時に上空に寒気が存在しないとき，大気下層の相当温位が 360 K 以上になっていたという説明と整合している．

5.2.3 ▌ 大雨の発生可能性の診断条件

梅雨期での大雨の発生可能性を考えるうえでは，その前提として，まず不安定な大気状態の出現頻度を把握しておくことが重要である．ここでは，2010〜2019 年の 6 月と 7 月を対象に，3 時間ごとにある気象庁メソ解析から 500 m 高度データの LFC までの距離（DLFC）を用いて，不安定な大気状態の出現頻度（図 5.8(a)）を統計的に示す．不安定な大気状態は，2.1 節で説明したように条件付き不安定（潜在不安定）な状態であり，LFC の存在で判断することができる．出現頻度を領域別にみると，南西諸島では 90% 以上であり，ほぼ毎日不安定な大気状態であることがわかる．西日本でもほとんどの領域で 60% 以上であり，半数以上の日が不安定な大気状態にあるということになる．しかし，そのような頻度で不安定性降水が観測されるわけではない．不安定な大気状態の出現＝湿潤対流の発生ではなく，不安定が顕在化して湿潤対流

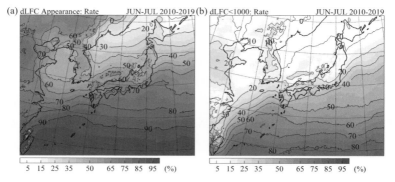

図 5.8 2010〜2019 年の梅雨期（6 月と 7 月）の 500 m 高度（数値モデルの標高が 200 m までは高度 500 m，それ以上は標高＋300 m）の空気塊を持ち上げたとき，(a) 自由対流高度（LFC）が存在する割合（%）と，(b) LFC までの距離が 1 km 未満の場合の出現頻度（%）（気象庁メソ解析から作成）

が発生するためには LFC まで大気下層の空気塊が持ち上げられなければならないからである．そこで，不安定が顕在化する可能性が高い大気状態として，DLFC が 1000 m 未満に限定してみると南西諸島を除いて，出現頻度は限定しない場合に比べて半分程度に抑えられている（図 5.8(b)）．それでも，九州では 40% 前後の高出現頻度であり，気象レーダーで降水が観測される割合が高い領域でも 15% 程度であること（Kato, 2005）を踏まえると，不安定性降水を発生させる条件としては不十分である．4.3 節で説明したように，積乱雲の発達には上空の大気の影響も強く受けており，大雨をもたらす不安定性降水の発生を診断するには他の気象要素もあわせて確認する必要がある．次に DLFC 以外の気象要素について考える．

　不安定性降水の発生可能性を診断する基本条件として，LFC が存在する不安定な大気状態であり，積乱雲が発生しやすい条件である DLFC<1 km（上述）を用い，他の気象要素に関する条件を追加することで考察してみる．4.3 節で述べた上空の大気の影響に関する項目として，700 hPa の相対湿度（RH700）が 60% 以上，400 km 水平四方で平均した鉛直流（W700）が上昇気流場（$0\,\mathrm{m\,s^{-1}}$ 以上）であること，および 500 m 高度の空気塊を持ち上げたときの LNB（EL）が 3 km 以上の 3 つの条件をそれぞれ個別に追加し，大雨をもたらす不安定性降水の発生に関する項目としては，500 m 高度の水蒸気フラックス量（FLWV）が $100\,\mathrm{g\,m^{-2}\,s^{-1}}$ の条件を考える．これらの条件や閾値は，4.4 節で述べた線状降水帯が発生しやすい 6 条件中，鉛直シア（積乱雲の組織化）に関する条件を除く 5 つと同じである．

　不安定性降水の発生可能性の絞り込みに対して，上空の大気の影響に関する項目として個別に追加した 3 つの条件のなかでは，W700 の条件（図 5.9(b)）が全国的に出現頻度をほぼ半減させており，一番効果的であると考えられる．このことは，表 4.1 で示したように下降気流場だと対流活動を弱化させることを踏まえると，しかるべき結果である．続いて，RH700 の条件（図 5.9(a)）であり，全国的に出現頻度を 30% 程度低下させており，上空が乾燥していると積乱雲の発達を抑制させるので効果的に適用することができている．LNB（EL）の条件（図 5.9(c)）は南西諸島を除くと，RH700 の条件と同程度の絞り込み効果がある．特に梅雨期では，前項で説明したように大気中層に暖気が

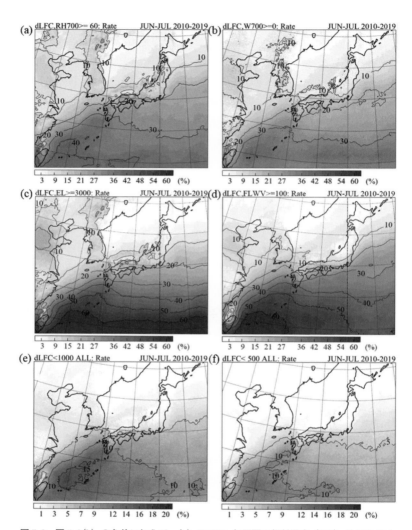

図5.9　図5.8(b) の条件に加えて，(a) 700 hPa 気圧面の相対湿度（RH）が 60% 以上
の場合，(b) 700 hPa 気圧面の 400 km 平均した鉛直流が上昇気流場になってい
る場合，(c) 500 m 高度から持ち上げたときの浮力がなくなる高度（LNB：平
衡高度（EL））が 3 km 以上の場合，(d) 500 m 高度の水蒸気フラックス量が
100 g m^{-2} s^{-1} 以上の場合，(e) (a)–(d) の条件がすべて満たされている場合，(f)
(e) と同じ，ただし，500 m 高度の空気塊を持ち上げたときの自由対流高度（LFC）
までの距離が 500 m 未満の場合

流入して LNB（EL）を低下させ，積乱雲の発達を抑制させる．ただ，南西諸島では梅雨明けが早く，6月と7月の統計期間では大気中層に暖気が流入するケースが少なく，LNB（EL）の条件が効果的に適用できなかったために出現頻度の低下（〜10%）が小さいと考えられる．FLWV の条件（図 5.9(d)）を追加すると，日本列島の日本海側での出現頻度の低下が顕著だが，九州や関東より以西の太平洋側では効果的な絞り込みができていない．このことは太平洋や東シナ海上から大量の下層水蒸気が流入するだけでは大雨にならないこと，すなわち大雨発生の可能性を診断するには上述の上空の大気の影響に関する項目をあわせて考える必要があることを示唆している．

　不安定な大気状態でかつ湿潤対流が発生しやすい条件である DLFC<1 km に上述の4つの追加条件をすべて適用した出現頻度を図 5.9(e) に示す．北日本や東日本で5%未満，大雨の多い九州の西海岸で10%程度，南西諸島で15%近くになっており，南西諸島を除いて，大雨の発生可能性をかなり絞り込めている．南西諸島など山岳の影響が小さい領域では，DLFC<1 km という基準が緩いためで，DLFC<500 m と条件を厳しくしたうえに4つの追加条件を適用することで大雨の発生可能性を診断することができると考えられる（図 5.9(f)）．他の気象要素も利用できないことはないが，鉛直シアにかかわる条件を除いて，ここで用いた5つの条件と高い相関があるものについては代替して利用する必要がある．

5.3 ┃ 梅雨前線帯の構造と大雨の発生位置

　この章ではこれまでに，梅雨前線ではなく，上空に湿潤な領域（湿舌）をともなう梅雨前線帯が梅雨期を特徴付けることを述べた．梅雨前線帯では活発な対流活動による上空の加熱のため大気中下層の気温減率が5℃ km^{-1} 前後になり，日本周辺で通常みられる気温減率（〜6℃ km^{-1}）と比べて，大気は相対的に安定な状態にあることを説明した．また，相当温位の高い暖湿流が梅雨前線帯の下層に流入すると気温減率が5℃ km^{-1} 程度であっても積乱雲は高い高度まで発達できることも述べた．本節では，令和2年7月豪雨時に熊本県球磨川流域で線状降水帯による大雨をもたらした事例を取り上げ，梅雨前線帯の構

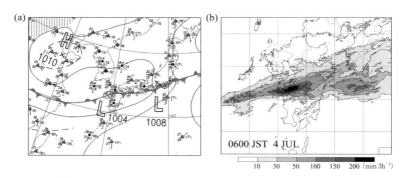

図 5.10　(a) 2020 年 7 月 4 日 3 時の地上天気図と，(b) 同 6 時までの解析雨量から作成した 3 時間積算降水量分布

造と大雨の発生位置について具体的に示す.

　図 5.10 に 2020 年 7 月 4 日 3 時の地上天気図と同 6 時までの 3 時間積算降水量分布を示す. 球磨川に大雨をもたらした線状降水帯は天気図上に解析された梅雨前線の南側約 100 km 付近に発生し，50 mm の等値線で判断すると，長さが約 300 km，幅が約 50 km でほぼ東西方向にのびている. この走向は 3.6 節で述べたように九州でよく観測される線状降水帯の走向である. また，このように梅雨前線帯もしくは秋雨時などにみられる停滞前線の南側約 100〜300 km の領域に線状降水帯が形成し，大雨をもたらすことがよくある（吉崎・加藤，2007）. 2014 年 8 月の広島市での大雨でも同じような前線との位置関係で発生していることは 3.5 節で示した. この前線と大雨の発生位置関係が生じる要因について，大雨の発生環境場および梅雨前線帯付近の大気の鉛直構造から考察する.

5.3.1 ▎ 大雨発生時での梅雨前線帯の鉛直構造の特徴

　2020 年 7 月 3 日 21 時から 4 日 6 時までの気象庁メソ解析（3 時間ごとの 4 解析値）を用いて平均した大気状態を図 5.11 に示す. 本節では，断りがない限り，上記の期間で平均した大気状態で議論する. 700 hPa 気圧面の相対湿度分布（図 5.11(a)）をみると，80% 以上の湿潤な領域が中国大陸から東シナ海を通って，日本列島に東西方向にのびていることが確認でき，この領域が湿舌（梅雨前線帯）に対応する. この湿域の南北幅は 300〜500 km ほどあり，大雨

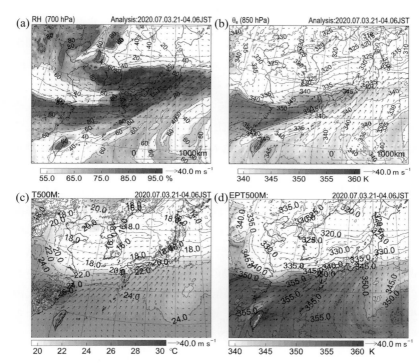

図 5.11　**2020 年 7 月 3 日 21 時から 4 日 6 時までで平均した, (a) 700 hPa 気圧面の相対湿度（%）, (b) 850 hPa 気圧面の相当温位（K）, 500 m 高度（数値モデルの標高が 200 m までは高度 500 m, それ以上は標高＋300 m）での (c) 気温（℃）と (d) 相当温位（K）の分布**
ベクトルは各気圧面または高度での水平風. 気象庁メソ解析から作成.

　もたらした線状降水帯が発生した球磨川付近を含む九州南部はこの湿域内の南側に位置している．梅雨前線帯南方の太平洋高気圧の勢力域では，相対湿度が 60% 前後と比較的乾いている状態であり，北方では中国大陸上から相対湿度が 40% 以下のかなり乾燥している空気が東シナ海上に流入してきている．この乾燥空気は，大陸北部からの下降気流にともなって断熱昇温することでもたらされたものである．以上から，梅雨前線帯を挟んだ領域では，上空が乾いているために湿潤対流（積乱雲）の発達が抑制される．

　500 m 高度（数値モデルの標高が 200 m までは高度 500 m, それ以上は標高＋300 m）の気温分布（図 5.11(c)）をみると，東シナ海上での梅雨前線帯付近の南北気温傾度は 100 km で最大 4℃ 程度であり，この事例では西日本で

の典型的な梅雨前線帯での南北の温度傾度（100 km で 1℃ 程度；Kato *et al.*, 2003）よりもかなり大きい．温度傾度を強めた要因は，オホーツク海気団からの寒冷な北東風が直接東シナ海上まで流れ込んだためである．次に，500 m 高度の相当温位分布（図 5.11(d)）をみると，東シナ海上では梅雨前線帯の北縁付近で南北傾度が 100 km で最大 20 K 程度と非常に大きくなっていて，その領域まで南西風によって，太平洋高気圧の縁を回って暖湿な空気が流入している様子が確認できる．この水蒸気の流入によって梅雨前線帯での対流活動が維持・活発化されていた．特に 355 K 以上の相当温位をもつ空気が流入した九州南部では，線状降水帯が形成して大雨がもたらされた．850 hPa 気圧面の相当温位分布（図 5.11(b)）をみると，中国大陸から西よりの風によって相当温位 350 K 以上の暖湿な空気が日本列島に流入している．この暖湿な空気の領域は，700 hPa 気圧面の相対湿度分布で確認できる湿舌の分布とほぼ一致している．湿舌は前節で説明したように対流活動の結果として，上空が湿って形成されたものなので，850 hPa 気圧面の相当温位場は対流活動の結果であって，大雨の発生要因とはならない．このことは，4.2.2 項で 850 hPa 気圧面が表現する水蒸気場の特徴で述べたことと合致している．

　梅雨前線帯付近の大気の鉛直構造をみるために，東経 130° における相対湿度，相当温位および混合比と温位の南北鉛直断面図を図 5.12 と図 5.13(a) に示す．相対湿度の鉛直断面図（図 5.12(a)）をみると，700 hPa 気圧面（図 5.11

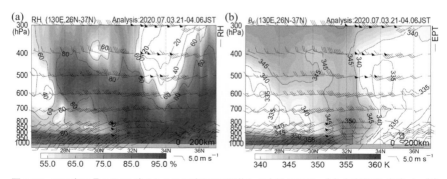

図 5.12　2020 年 7 月 3 日 21 時から 4 日 6 時までで平均した東経 130° の，(a) 相対湿度（%）と (b) 相当温位（K）の南北鉛直断面図
矢羽は各気圧面での水平風を示す．気象庁メソ解析から作成.

（a））の湿域（湿舌）で確認できる梅雨前線帯に対応する領域（北緯30〜33°）では大気下層から上空まで湿っていて，その状態は西側からの移流も含めて対流活動により水蒸気が上空に運ばれた結果を示している．梅雨前線帯の南方（北緯31°以南）の大気下層では相対湿度80%以上の領域が地表から900 hPa気圧面のみにみられ，4.2節で述べた大雨をもたらす下層水蒸気場を代表する高度（〜500 m）と整合している．この大気下層における水蒸気の集中は混合比の鉛直断面図（図5.13(a)）でも確認することができる．なお，梅雨前線帯の北方（北緯33°以北）でも大気下層の相対湿度が高いが，これは気温が低いためで，図5.13(a)をみても水蒸気量が多いわけではないことがわかる．

　相当温位の鉛直断面図（図5.12(b)）でも梅雨前線帯に対応して，大気下層から上空にほぼ一様な高相当温位域がみられ，これは対流活動によって大気下層の高相当温位を持った空気塊が上空に持ち上げられた結果を示している．この高相当温位（>345 K）の領域によって，相対湿度の鉛直断面よりもより明確に梅雨前線帯を把握することができる．特に北緯32°付近では相当温位350 K以上の領域が800 hPa気圧面付近まで達しており，線状降水帯がもたらした大雨域（図5.10(b)）と対応している．また，相当温位の南北傾度の大きな領域（北緯33°付近）は梅雨前線帯の北縁に位置し，通常その位置に梅雨前

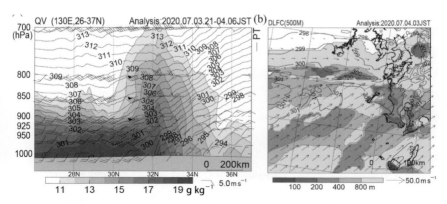

図5.13 (a) 図5.12と同じ，ただし，混合比（陰影，g kg⁻¹）と温位（等値線，K），(b) 2020年7月4日3時の500 m高度（数値モデルの標高が200 mまでは高度500 m，それ以上は標高+300 m）から持ち上げたときの自由対流高度（LFC）までの距離（陰影，m），500 m高度の温位（等値線，K）と水平風（ベクトル）
(b) の白色の部分はLFCが見出せない領域を示す．気象庁メソ解析から作成．

線が解析され，この事例でも同様である（図 5.10(a)）．梅雨前線帯の北方では上空に向かって相当温位はおおむね単調増加しているので，大気状態は安定していることを示している（2.1 節参照）．

　混合比と温位の鉛直断面図（図 5.13(a)）をみると，梅雨前線帯の南側からその南端付近である北緯 30° までは等混合比線と等温位線の鉛直変動が小さく，湿潤対流が発生せずに等温位面上を空気塊が移動していたことがうかがえる．それより北側では等温位線の上昇がみられるとともに，北緯 30〜35°付近まで上空の水蒸気が多くなっており，中国大陸からの水蒸気輸送に加えて，対流活動による下層水蒸気の上空への輸送が考えられる．特に北緯 32° 付近の混合比 $15\,\mathrm{g\,kg^{-1}}$ の空気塊が対流活動により $850\,\mathrm{hPa}$ 気圧面を超えて持ち上げられていることが示唆される．また，北緯 33° 付近で混合比の南北傾度が $100\,\mathrm{km}$ で $4\,\mathrm{g\,kg^{-1}}$ 程度と大きいことが，その領域に相当温位の大きな南北傾度（図 5.12(b)）を作り出しており，梅雨前線が解析されている．このことからも，梅雨前線が水蒸気前線とよばれることが妥当だと考えられる．なお，$850\,\mathrm{hPa}$ 付近の水蒸気場における中国大陸からのびる湿域の南端にも相当温位の南北傾度の大きな東西にのびた領域（図 5.11(b)）がみられ，その領域を水蒸気前線とよぶこともある（Moteki *et al.*, 2004）．

　ここでは，令和 2 年 7 月豪雨時の球磨川付近の大雨事例での梅雨前線帯の特徴について述べてきたが，梅雨期に九州で線状降水帯による大雨が発生する事例では同様の梅雨前線帯の特徴が示されている（Kato *et al.*, 2003；加藤，2017）．このように梅雨前線や停滞前線の南側 100〜300 km 付近に線状降水帯による大雨がよく観測されるが，その位置に大雨が発生する要因について，次項で大気の安定度に着目して解説する．

5.3.2 ▌ 大雨の発生位置

　大雨をもたらす積乱雲は下層大気の空気塊が LFC まで持ち上げられることで発生するのはすでに述べてきたとおりである．図 5.13(a) の温位線をみると，北緯 30° 以北では等温位線が上昇しており，南から流入する下層空気塊が等温位線に沿って持ち上げられることがわかる．また 2020 年 7 月 4 日 3 時の 500 m 高度から持ち上げたときの LFC までの距離（図 5.13(b)）をみると，

球磨川付近（〜北緯 32°）で大雨をもたらした線状降水帯を作り出した積乱雲は等温位面上を 200 m 程度持ち上げれば発生できることがわかる．このように，等温位面が北に向かって上昇し，かつ南から空気塊が流入することで梅雨前線帯内に総観スケールの上昇気流が作られ，それによって大気下層の空気塊が LFC に達すると積乱雲が発生できる．ただ，前節で述べたように梅雨前線帯の上空には大陸から暖気が流入するとともに，対流活動によって加熱されており，大気中下層の気温減率が小さくなることで積乱雲の発達が抑制される．次に，気温減率をみることで梅雨前線帯のどこで積乱雲が発達しやすいかを説明する．

　500 m 高度と 500 hPa 気圧面間の平均気温減率の分布と気温減率の南北鉛直断面図を図 5.14 に示す．平均気温減率分布（図 5.14(a)）をみると，梅雨前線帯（700 hPa 気圧面での中国大陸から日本列島にのびる相対湿度 80% 以上の網掛けの領域に対応）では 5℃ km^{-1} 前後で南側ほど大きくなっていて，梅雨前線帯の南縁ほど積乱雲が発達しやすい大気状態であることがわかる．球磨川付近で発生した大雨は梅雨前線帯の南縁付近ではないが，梅雨前線内の南側で発生していたことと整合している．東経 130° における気温減率の南北鉛直断面図（図 5.14(b)）をみると，925 hPa 気圧面より下層では梅雨前線帯内の北側（北緯 32.5〜33.5° 付近）を除いて，気温減率が 6〜8℃ km^{-1} と大き

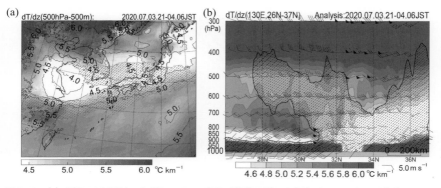

図 5.14　(a) 図 5.11 と同じ，ただし，500 m 高度（数値モデルの標高が 200 m までは高度 500 m，それ以上は標高 + 300 m）と 500 hPa 気圧面間の平均気温減率（陰影と等値線，℃ km^{-1}）と 700 hPa 気圧面で相対湿度が 80% 以上の領域（網掛け），(b) 図 5.11 と同じ，ただし，気温減率（陰影，℃ km^{-1}）と相対湿度が 80% 以上の領域（網掛け）

くなっており，その主要因は仮温位ほぼ一定の対流混合層（4.1 節参照）が形成されているためである．また，梅雨前線帯の南方（北緯 31°以南）では，対流混合層の上空 850 hPa 付近まで 4.5℃ km^{-1} 以下のかなり安定な層がみられ，700 hPa 付近までは相対湿度 60% 前後とやや乾燥している（図 5.12(a)）．この大気状態が梅雨前線帯の南方での積乱雲の発生・発達を抑制している．梅雨前線帯内の北側では，600 hPa 気圧面付近まで湿潤な状態（相対湿度 80% 以上）であるが，700 hPa 気圧面付近まで気温減率が 4.5℃ km^{-1} 以下であり，LFCがかなり高いか見出せない領域（図 5.13(b)）になっているので，積乱雲がそもそも発生できない．

　上述のことを，東経 130°での梅雨前線帯の南縁と北縁付近の温位エマグラム（図 5.15）から確認する．飽和相当温位の鉛直プロファイルをみると，南縁付近(灰色の太実線)では 600 hPa 気圧付近に極小があり，高度 500 m 付近（～950 hPa 気圧面）に相当温位 355 K 以上の暖湿な空気塊が流入すると，LFC までの距離は 500 m 未満で，LNB（EL）が 200 hPa 気圧面を超えて見出される

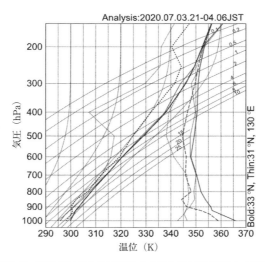

図 5.15　2020 年 7 月 3 日 21 時から 4 日 6 時までで平均した東経
　　　　130°，北緯 33°（太線）と北緯 31°（細線）地点の温位
　　　　エマグラム
　　　黒実線は温位，灰実線は飽和相当温位，灰破線は相当温位，黒
　　点線は露点温位の鉛直プロファイル．気象庁メソ解析から作成．

ので，積乱雲が発生しやすく，高い高度まで発達できうることがわかる．一方，北縁付近（細線）では，600～500 hPa 気圧面に飽和相当温位のプロファイルにわずかな極小がみられるものの，850 hPa より上空での変化は小さく，また大気下層の空気塊を持ち上げても LFC が見出せないので大気状態は安定している．さらに，500 hPa 気圧面より上空では相当温位（灰色の細破線）が低く，かなり乾燥しているために仮に積乱雲が発生しても発達は抑制される．このように，温位エマグラムからも，梅雨前線帯の南縁付近で積乱雲が発生・発達しやすく，大雨の発生可能性が高いことが説明できる．

　下層水蒸気は水蒸気浮力によって海上に発達する対流混合層内に蓄積され，その混合層の発達高度は 500 m 程度であり，海面からのさらなる水蒸気の蒸発や低気圧，下層メソ渦または下層メソトラフなどによる下層収束によって高度 1 km 程度までの大気下層に水蒸気が効率よく蓄積されることを 4.1 節で説明した．このように蓄積された下層水蒸気の流入も含めた，九州付近でみられる典型的な梅雨前線帯の模式図を図 5.16 に示す．その特徴をみると，日本列島に東西に横たわる梅雨前線帯に向かって南方から暖湿な空気塊が流入し，梅雨前線帯での総観スケールの弱い上昇気流によって対流活動が生じて大気下層の水蒸気が上空に持ち上げられ，その結果として湿舌（梅雨前線帯上に存在し，700 hPa 気圧面付近に顕著にみられる南北の幅が 200～300 km の湿潤な領域）

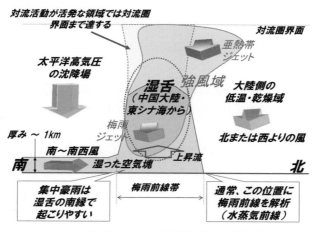

図 5.16　九州付近にみられる典型的な梅雨前線帯の構造

が形成する.その暖湿な空気塊の厚みは1 km程度である.この湿った層の上空は太平洋高気圧にともなう下降気流によって断熱昇温することで乾燥化するので,梅雨前線帯の南方では積乱雲が発生しても発達は抑制される.また,そこには大気下層の湿った空気塊をLFCまで持ち上げる外的な強制力(たとえば,高い山岳や総観スケールの擾乱)がないために積乱雲はそもそも発生できない.

梅雨前線帯の北方では,全層にわたって相対的に低温で,北または西よりの風が卓越しており,中層には乾燥した空気が流入している.梅雨前線帯内では北側に至るまで,南から流入した暖湿な空気塊が上空に持ち上げられるので,相当温位の顕著な南北傾度が梅雨前線帯の北縁付近に作られる.梅雨前線は相当温位の南北傾度の大きな場所に解析されるので,多くのケースでは梅雨前線帯の北縁付近に解析されることになり,梅雨前線が水蒸気前線ともよばれる所以となっている.なお,梅雨前線帯の南縁の850 hPa気圧面付近にみられる相当温位の南北傾度の大きな領域を水蒸気前線とよぶこともあるので,混同しないように注意が必要である.

梅雨前線帯の上空には,その北側の200～300 hPa気圧面付近に存在する西よりの風である亜熱帯ジェット気流と独立して,700～850 hPa気圧面付近にも西よりの強風域(梅雨ジェット)がみられる.梅雨ジェットは下層ジェットともよばれることがある(Matsumoto and Ninomiya, 1971)が,より下層にみられるものと区別するために梅雨前線帯にともなう強風域であることから梅雨ジェットとも名付けられている(Kato, 2006).梅雨ジェットは,梅雨前線帯に大量の下層水蒸気をもたらす,南よりの強風にともなう運動量が対流活動で上空に輸送され,対流活動で生じた気圧傾度力で加速されることで強化される(Kato, 1998).対流活動が活発なときには$30 \mathrm{~m~s}^{-1}$程度の強風となり,令和2年7月豪雨時でも$25 \mathrm{~m~s}^{-1}$以上の梅雨ジェットが850 hPa気圧面付近に確認できる(図5.11(b)や図5.12).

梅雨前線帯では,総観スケールの擾乱がともなわなくても大雨がしばしば発生する.本節で紹介した梅雨前線の南側100～300 kmで発生する線状降水帯による大雨が典型例である.梅雨前線帯下層に南から流入する空気塊の水蒸気量が多く,相当温位が高くなればなるほど,LFCが低くなるとともに,積乱

雲の発達高度の目安となる LNB(EL) が高くなり,大雨の発生可能性が高まる.特に,非常に湿った下層の空気塊が南から梅雨前線帯に流入すると LFC がさらに低くなるので,積乱雲が梅雨前線帯内の南側で容易に発生・発達する.また,3.3節で述べたように大気下層の流入風と梅雨ジェット間に生じる大きな鉛直シアによって積乱雲が組織化して線状降水帯が発生しやすくなる.積乱雲が容易に発生するのは,梅雨前線帯に内在する総観スケールの弱い上昇気流でも下層の空気塊が容易に LFC まで達することができるためである.そして大量の下層水蒸気が継続的に供給されると,発生した線状降水帯により大雨がもたらされることになる.

文　献

[1] Araki, K., T. Kato, Y. Hirockawa and W. Mashiko, 2021：Characteristics of atmospheric environments of quasi-stationary convective bands in Kyushu, Japan during the July 2020 heavy rainfall event. *SOLA*, **17**, 8-15.

[2] Gimeno, L., F. Dominguez, R. Nieto, R. Trigo, A. Drumond, C. J. C. Reason, A. S. Taschetto, A. M. Ramos, R. Kumar and J. Marengo, 2016：Major mechanisms of atmospheric moisture transport and their role in extreme precipitation events. *Ann. Rev. Environ. Res.*, **41**, 117-141.

[3] 長谷江里子, 新野　宏, 2004：1999 年梅雨期の大規模場の特徴. 気象研究ノート, **208**, 37-52.

[4] Kamae, Y., W. Mei and S. -P. Xie, 2017：Climatological relationship between warm season atmospheric rivers and heavy rainfall over East Asia. *J. Meteor. Soc. Japan*, **95**, 411-431.

[5] Kato, T., 1998：Numerical simulation of the band-shaped torrential rain observed over southern Kyushu, Japan on 1 August 1993. *J. Meteor. Soc. Japan*, **76**, 97-128.

[6] Kato, T., 2005：Statistical study of band-shaped rainfall systems, the Koshikijima and Nagasaki lines, observed around Kyushu Island, Japan. *J. Meteor. Soc. Japan*, **83**, 943-957.

[7] Kato, T., 2006：Structure of the band-shaped precipitation system inducing the heavy rainfall observed over northern Kyushu, Japan on 29 June 1999. *J. Meteor. Soc. Japan*, **84**, 129-153.

[8] 加藤輝之, 2007：雪雲の発達高度からみた 2005 年 12 月の豪雪〜環境場からみた潜在的な発達高度と数値実験の結果から〜. 気象研究ノート, **216**, 61-70.

[9] 加藤輝之, 2010：湿舌. 天気, **57**, 917-918.

[10] 加藤輝之, 2017：図解説　中小規模気象学, 気象庁, 316 pp. http://www.jma.go.jp/jma/kishou/know/expert/pdf/textbook_meso_v2.1.pdf.

[11] Kato, T., M. Yoshizaki, K. Bessho, T. Inoue, Y. Sato and X-BAIU-01 observation group, 2003：Reason for the failure of the simulation of heavy rainfall during X-BAIU-01-Importance of a vertical profile of water vapor for numerical simulations-. *J. Meteor. Soc. Japan*, **81**, 993-1013.

[12] Kato, T., S. Hayashi and M. Yoshizaki, 2007：Statistical study on cloud top heights of cumulonimbi thermodynamically estimated from objective analysis data during the Baiu season. *J. Meteor. Soc. Japan*, **85**, 529-557.

[13] Matsumoto, S. and K. Ninomiya, 1971：On the mesoscale and medium-scale structure of a cold front and the relevant vertical circulation. *J. Meteor. Soc. Japan*, **49**, 648-662.

[14] Moteki, Q., H. Uyeda, T. Maesaka, T. Shinoda, M. Yoshizaki and T. Kato, 2004：Structure and development of two merged rainbands observed over the East China Sea during X-BAIU-99 Part II：Meso-α-scale structure and build-up processes of convergence in the Baiu frontal region. *J. Meteor. Soc. Japan*, **82**, 45-65.

[15] 日本気象学会, 1998：気象科学事典, 東京書籍, 637 pp.

[16] Yanai, M., S. Esbensen and J.H. Chu, 1973：Determination of bulk properties of tropical cloud clusters from large-scale heat and moisture budgets. *J. Atmos. Sci.*, **30**, 611-627.

[17] 吉﨑正憲, 加藤輝之, 2007：豪雨・豪雪の気象学（応用気象学シリーズ 4）, 朝倉書店, 187 pp.

[18] Zhang, C.-Z., H. Uyeda, H. Yamada, B. Geng and Y. Ni, 2006：Characteristics of Mesoscale Convective Systems over the East Part of Continental China during the Meiyu from 2001 to 2003. *J. Meteor. Soc. Japan*, **84**, 763-782.

索　　引

著者略歴

加藤 輝之
(か とう てる ゆき)

1964 年　京都府に生まれる
1987 年　気象大学校卒業
同　年　気象庁海洋気象部海上気象課技官
1992 年　気象研究所予報研究部研究官
1999 年　気象研究所予報研究部主任研究官
2006 年　筑波大学大学院生命環境科学研究科助 (准) 教授兼務 (〜 2010 年)
2010 年　気象庁予報部数値予報課数値予報モデル開発推進官
2012 年　気象研究所予報研究部室長
同　年　筑波大学大学院生命環境科学研究科教授兼務 (〜 2017 年)
2017 年　気象庁観測部観測課観測システム運用室長
2019 年　気象大学校教頭
2021 年　気象研究所応用気象研究部長
現　在　気象研究所台風・気象災害研究部長
　　　　博士 (理学)

著　書　『図解説 中小規模気象学』(気象庁),『図説地球環境の事典』,『豪
　　　　雨・豪雪の気象学』(以上,朝倉書店,分担執筆),『天気と気象に
　　　　ついてわかっていることいないこと』(ベレ出版,分担執筆),『The
　　　　Global Monsoon System: Research and Forecast, 2nd Ed.』(World
　　　　Scientific Press,分担執筆)　ほか

気象学ライブラリー 3
集中豪雨と線状降水帯　　　　　　　　定価はカバーに表示

2022 年 11 月 1 日　初版第 1 刷
2023 年 6 月 25 日　　第 3 刷

著　者　加　藤　輝　之
発行者　朝　倉　誠　造
発行所　株式会社　朝　倉　書　店

東京都新宿区新小川町 6-29
郵便番号　1 6 2 - 8 7 0 7
電　話　03 (3260) 0141
F A X　03 (3260) 0180
https://www.asakura.co.jp

〈検印省略〉

新日本印刷・渡辺製本

気象業務支援センター 牧原康隆著
気象学ライブラリー 1

気象防災の知識と実践

16941-6 C3344　　　　　A 5 判 176頁 本体3200円

気象予報の専門家に必須の防災知識を解説。〔内容〕気象防災の課題と気象の専門アドバイザーの役割／現象と災害を知る／災害をもたらす現象の観測／予報技術の最前線／警報・注意報・情報の制度と精度を知る／他

名大 村上正隆著
気象学ライブラリー 2

日 本 の 降 雪
—雪雲の内部構造と豪雪のメカニズム—

16942-3 C3344　　　　　A 5 判 212頁 本体4000円

国土の約半分を豪雪地帯が占める日本列島における降雪メカニズムを長年の研究成果に基づき解説。興味深いコラムも掲載〔内容〕降雪のパターン／雪の成長メカニズム（雲物理過程）／降雪をもたらす雲システム／降雪予報／降雪と社会

立正大 吉﨑正憲・気象大 加藤輝之著
応用気象学シリーズ 4

豪 雨・豪 雪 の 気 象 学

16704-7 C3344　　　　　A 5 判 196頁 本体4200円

日本に多くの被害をもたらす豪雨・豪雪は積乱雲によりもたらされる。本書は最新の数値モデルを駆使して、それらの複雑なメカニズムを解明する。〔内容〕乾燥・湿潤大気／降水過程／積乱雲／豪雨のメカニズム／豪雪のメカニズム／数値モデル

首都大 藤部文昭著
気象学の新潮流 1

都市の気候変動と異常気象
—猛暑と大雨をめぐって—

16771-9 C3344　　　　　A 5 判 176頁 本体2900円

本書は、日本の猛暑や大雨に関連する気候学的な話題を、地球温暖化や都市気候あるいは局地気象などの関連テーマを含めて、一通りまとめたものである。一般読者をも対象とし、啓蒙的に平易に述べ、異常気象と言えるものなのかまで言及する。

横国大 筆保弘徳・琉球大 伊藤耕介・気象研 山口宗彦著
気象学の新潮流 2

台 風 の 正 体

16772-6 C3344　　　　　A 5 判 184頁 本体2900円

わかっているようでわかっていない台風研究の今と最先端の成果を研究者目線で一般読者向けに平易に解説。〔内容〕凶暴性／数字でみる台風／気象学／構造／メカニズム／母なる海／コンピュータの中の台風／予報の現場から／台風を追う強者達

気象事務支援センター 斉藤和雄・気象研 鈴木 修著
気象学の新潮流 4

メ ソ 気 象 の 監 視 と 予 測
—集中豪雨・竜巻災害を減らすために—

16774-0 C3344　　　　　A 5 判 160頁 本体2900円

メソ（中間）スケールの気象現象について、観測の原理から最新の予測手法まで平易に解説。〔内容〕集中豪雨／局地的大雨／竜巻／ダウンバースト／短期予測／レーダー・ライダー／データ同化／アンサンブル予報／極端気象

大気環境学会編

大 気 環 境 の 事 典

18054-1 C3540　　　　　A 5 判 464頁 本体13000円

PM2.5や対流圏オゾンによる汚染など、大気環境問題は都市、国、大陸を超える。また、ヒトや農作物への影響だけでなく、気候変動、生態系影響など多くの様々な問題に複雑に関連する。この実態を把握、現象を理解し、有効な対策を考える上で必要な科学知を、総合的に基礎からわかりやすく解説。手法、実態、過程、影響、対策、地球環境の6つの軸で整理した各論（各項目見開き2頁）に加え、主要物質の特性をまとめた物質編、タイムリーなキーワードをとりあげたコラムも充実

日大 山川修治・駒澤大 江口 卓・他7名

図説 世界の気候事典

16132-8 C3544　　　　　B 5 判 448頁 本体14000円

新気候値(1991〜2020年)による世界各地の気象・気候情報を天気図類等を用いてビジュアルに解説。〔内容〕グローバル編(世界の平均的気候分布／大気内自然変動／他)、地域編(それぞれ気候環境／植生分布／異常気象他：東アジア・南アジア・西アジア・アフリカ・ヨーロッパ・北米・中米・南米・オセアニア・極・海洋)、産業・文化・エネルギー編(農林業・水産業・文明・文化／他)、第四紀編(第四紀の気候環境／小氷期／現代の大気環境)、付録。

上記価格（税別）は 2023 年 5 月現在